职业技能培训教材

数控机床编程与操作

翟瑞波　主编
白一凡　主审

中国劳动社会保障出版社

图书在版编目(CIP)数据

数控机床编程与操作/翟瑞波主编. —北京：中国劳动社会保障出版社，2004
职业技能培训教材
ISBN 7 – 5045 – 4400 – 0

Ⅰ．数… Ⅱ．翟… Ⅲ．数控机床-程序设计-技术培训-教材 Ⅳ．TG659

中国版本图书馆 CIP 数据核字（2004）第 000518 号

中国劳动社会保障出版社出版发行
（北京市惠新东街 1 号 邮政编码：100029）
出 版 人：张梦欣

*

北京隆昌伟业印刷有限公司印刷装订 新华书店经销
787 毫米×1092 毫米 16 开本 12.5 印张 309 千字
2004 年 1 月第 1 版 2014 年 1 月第 12 次印刷
定价：28.00 元

读者服务部电话：010 – 64929211/64921644/84643933
发行部电话：010 – 64961894
出版社网址：http://www.class.com.cn
版权专有 侵权必究
举报电话：010 – 64954652

如有印装差错，请与本社联系调换：010-80497374

内 容 简 介

本书全面、系统地介绍了数控机床编程与操作的相关基础知识,内容包括机械加工基础知识、数控编程与操作知识,并重点讲解了 FANUC、SIEMENS 两大数控操作系统的编程规则、编程指令、机床操作。本书图文并茂,注重理论联系实际,以 FANUC、SIEMENS 操作系统为例,列举了大量例题和加工实例,并附有复习题供读者参考、练习,具有较强的实用性。

本书可作为中等职业技术学校数控机床编程与操作相关专业教学及数控机床编程与操作人员岗位培训的教材,也可作为从事数控机床工作的工程技术人员以及大中专院校机械制造、机电一体化等专业师生的参考用书。

前　　言

随着科学技术和社会生产的迅速发展，整个社会对机械产品的质量及其生产效率提出了越来越高的要求。相应于此，近年来数控机床、数控加工技术在机械制造业中得到广泛应用和迅猛发展，工程技术人员及数控机床编程与操作人员学习、掌握数控技术已成为一种趋势。

本书以劳动和社会保障部教材办公室组织制定的数控机床加工专业教学计划与教学大纲为依据，针对职业技术学校以及高等教育机械制造及设备、机电工程等专业学习数控技术及数控机床编程与操作技术的需求而编写。本书所介绍的理论知识和操作技能是编写者多年数控教学及生产实践的经验总结，针对性强、简洁适用，并采用了大量的加工实例，对学习数控技术及应用数控技术完成零件的加工具有实际指导意义。

本书由西安航空发动机集团公司技工学校翟瑞波主编，白一凡主审。在编写过程中，得到西安航空发动机集团公司技工学校马诚、严旭辉、侯继业、南逢玉、谢龙爱、苏诚、杨文林和西安航空发动机集团公司工程技术人员的大力支持，在此一并表示感谢。

由于作者水平有限，书中难免出现遗漏和错误，恳请读者批评指正。

编　者

2004 年 1 月

目 录

第一篇　机械加工基础

第一章　金属切削刀具 ……………………………………………………（1）
　§1—1　金属切削过程的规律 ……………………………………………（1）
　§1—2　刀具的磨损和提高耐用度的措施 ………………………………（3）
　复习题 ………………………………………………………………………（5）

第二章　机械加工工艺 ……………………………………………………（6）
　§2—1　切削加工的质量分析 ……………………………………………（6）
　§2—2　定位基准的选择 …………………………………………………（8）
　§2—3　工艺规程 …………………………………………………………（13）
　复习题 ………………………………………………………………………（17）

第二篇　数控编程与操作

第三章　数控机床 …………………………………………………………（19）
　§3—1　数控机床的工作原理及组成 ……………………………………（19）
　§3—2　数控机床的分类 …………………………………………………（21）
　§3—3　数控机床的特点及应用 …………………………………………（25）
　复习题 ………………………………………………………………………（27）

第四章　数控加工的程序 …………………………………………………（28）
　§4—1　机床坐标系和工作坐标系 ………………………………………（28）
　§4—2　编程的一般步骤 …………………………………………………（30）
　§4—3　程序编制的基本概念 ……………………………………………（32）
　§4—4　常用指令的含义 …………………………………………………（35）
　复习题 ………………………………………………………………………（43）

第五章　数控车床的编程 …………………………………………………（44）
　§5—1　数控车床常用指令 ………………………………………………（44）
　§5—2　刀具半径补偿功能 ………………………………………………（54）
　§5—3　固定循环指令 ……………………………………………………（59）

§5—4　子程序……………………………………………………………………（69）
　　§5—5　综合加工实例………………………………………………………（71）
　　复习题……………………………………………………………………………（78）

第六章　数控车床的操作……………………………………………………………（84）

　　§6—1　数控车床概述…………………………………………………………（84）
　　§6—2　数控车床操作（FANUC 系统）……………………………………（86）
　　复习题……………………………………………………………………………（91）

第七章　数控镗铣加工中心的编程…………………………………………………（92）

　　§7—1　数控镗铣加工中心常用指令…………………………………………（92）
　　§7—2　刀具补偿………………………………………………………………（95）
　　§7—3　固定循环………………………………………………………………（101）
　　§7—4　子程序…………………………………………………………………（107）
　　§7—5　镜像指令………………………………………………………………（112）
　　§7—6　综合加工实例…………………………………………………………（114）
　　复习题……………………………………………………………………………（130）

第八章　数控镗铣加工中心操作……………………………………………………（137）

　　§8—1　数控镗铣加工中心介绍………………………………………………（137）
　　§8—2　镗铣加工中心操作（FANUC 系统）………………………………（143）
　　复习题……………………………………………………………………………（149）

第九章　SIEMENS 802D 系统编程与操作…………………………………………（150）

　　§9—1　SIEMENS 802D 系统编程……………………………………………（150）
　　§9—2　SIEMENS 802D 系统操作……………………………………………（181）
　　复习题……………………………………………………………………………（191）

参考文献…………………………………………………………………………………（192）

第一篇 机械加工基础

第一章 金属切削刀具

§1—1 金属切削过程的规律

金属切削变形有弹性变形和塑性变形两种。金属切削过程是刀具把工件表层的金属层，通过刀刃的切割和刀面的推挤，使之变为切屑从而形成已加工表面的过程。

一、四个变形区

为说明切削过程的实质，将切削区域划分为四个变形区，如图1—1所示。

基本变形区1：在基本变形区被切金属在刀具的挤压作用下产生滑移变形，OA线称始滑移线（OA线以左为弹性变形区，到达OA线将开始产生塑性变形），OE线称终滑移线（OE线后面的金属将变为切屑流走）。

前刀面摩擦变形区2：在该变形区切屑在流出过程中与前刀面挤压、摩擦，同时前刀面发生磨损。

刃前变形区3：此变形区在刃口圆弧处的一个变形范围内。

后刀面摩擦变形区4：在该变形区主要是后刀面与已加工表面的摩擦、挤压。

二、切屑的收缩现象

被切金属经塑性变形后形成的切屑，其长度（$L_屑$）比切削层长度（L）短，其厚度（$a_屑$）比切削层厚度（a）厚，此现象称为切屑的收缩现象，如图1—2所示。变形系数K：

$$K=\frac{L}{L_屑}=\frac{a_屑}{a}>1$$

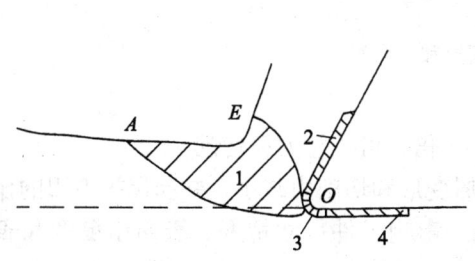

图1—1 四个变形区

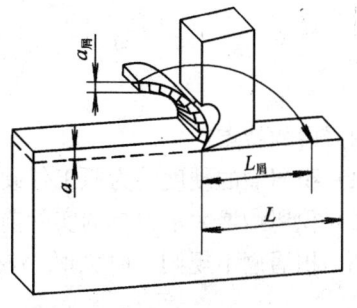

图1—2 切屑的收缩

变形系数 K 越大，则表示切削过程中的变形也越大，因此可用来近似地衡量金属在切削过程中的变形程度。

三、影响切屑变形的因素

1. 工件材料　塑性大、强度低的金属材料，其变形系数大，切屑变形也大；脆性材料只形成崩碎切屑，变形系数无实际意义。

2. 切削用量　在切削塑性材料时，加大切削速度，由于切屑来不及充分变形，就被挤裂下来，使变形系数减小，故切削力和切屑变形减小；加大进给量，则使切削厚度增加，单位切削面积的切削力减小，切屑平均变形量随之减小。

3. 冷却润滑条件　润滑条件的改善可减小切屑与刀具表面之间的摩擦系数，从而减少变形系数和切屑变形。

4. 刀具的几何角度　刀具的几何角度对切屑的变形有影响，尤其是刀具的前角和前刀面的光滑程度，直接影响切屑变形。

四、积屑瘤和加工表面的冷硬现象

1. 积屑瘤　切削塑性材料时，切屑由刃口沿前刀面流出，这时切屑底层的滞流层（如图 1—3a 所示），由于受前刀面摩擦力的作用减低了流动速度。在高温、高压作用下，当摩擦力大于滞流层的结合力时，滞流层的金属与切屑分离而粘结在前刀面上，形成积屑瘤，如图 1—3b 所示。

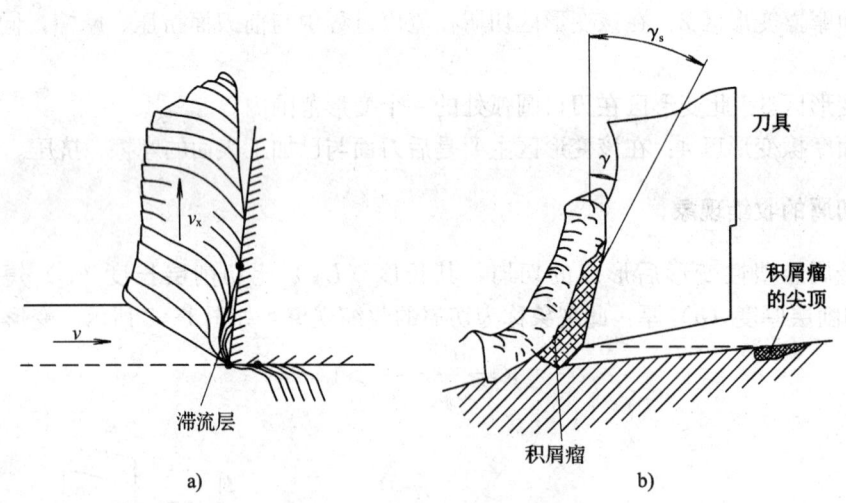

图 1—3　滞留层和积屑瘤

积屑瘤的特点：

（1）积屑瘤的硬度约为原工件硬度的 1.5～3 倍，可代替刀刃切削。

（2）积屑瘤增大了刀具的实际前角，使切屑变形和切削力减小，并起保护刀刃的作用。

（3）积屑瘤不规则，时大时小，时有时无，影响工件尺寸精度、表面粗糙度和表面质量。

精加工应尽量避免积屑瘤的产生，可采取提高切削速度和减小前刀面的表面粗糙度值，以及增大前角、减小进给量和合理使用切削液等措施。

2. 已加工表面的冷硬现象　金属经过冷加工后，强度、硬度提高，而塑性下降，这种现象称为加工硬化。切削过程中变形越大，加工硬化现象越严重。

常见的减轻加工硬化的措施有：提高切削刃的锋利程度，适当减小切削厚度和进给量，适当增大切削速度，减小后刀面的表面粗糙度。

§1—2　刀具的磨损和提高耐用度的措施

一、刀具磨损

磨损是刀具钝化（磨损、崩刃、卷刃）的主要形式，它是在切削过程中因刀具前刀面、后刀面上的微粒被切屑和工件带走而产生的。

刀具的磨损形式，按其发生部位可分为：后刀面磨损、前刀面磨损、边界磨损，如图1—4所示。

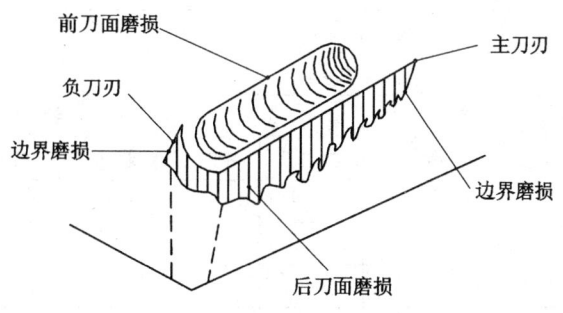

图1—4　刀具的磨损形式

1. 刀具磨损的原因

（1）磨粒磨损。磨粒磨损又称机械磨损。工件材料中的碳化物、氮化物、积屑瘤碎片以及其他杂质的硬度较高，在机械擦伤的作用下，把刀具前、后刀面刻划出许多沟纹而造成磨损。

提高刀具的刃磨质量，减小前、后刀面和刀刃的表面粗糙度值，能减缓刀具的磨损。

（2）热磨损。切削时，由于切削热而使刀具温度升高（尤其在刀刃刀尖附近的温度最高）。温度升高后，刀具材料将产生相变而使硬度降低；刀具材料与切屑和工件相互粘结而被粘附带走；刀具材料中的几何元素向工件中扩散，而使切削刃附近的组织变化，致使硬度和强度降低；前、后刀面在热应力的作用下产生裂纹及温度升高时容易使表面产生氧化层等。这些由切削热和温度升高而使刀具产生的

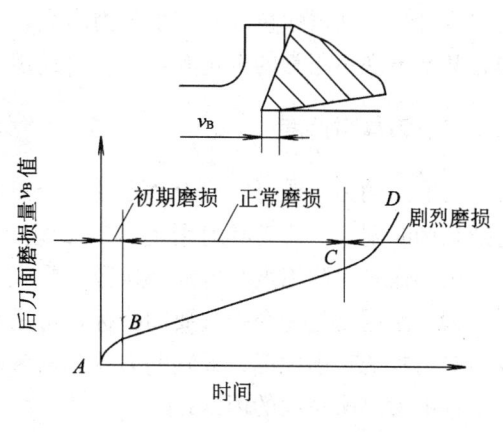

图1—5　刀具的磨损过程

磨损统称为热磨损。

2. 刀具的磨损过程　刀具的磨损过程大致可分为三个阶段，如图 1—5 所示。

(1) 初期磨损阶段（AB 段）。这一阶段磨损较快。因为刀具在刃磨后，表面有砂轮磨痕产生的凸峰和刀刃处的毛刺，这些将很快被磨平。提高刀具的刃磨质量，通过研磨或用油石修光刀刃和前、后刀面，能有效地减少初期磨损量。

(2) 正常磨损阶段（BC 段）。这一阶段的磨损比较缓慢，磨损量随时间而均匀地增加，并且比较稳定。这时刀具处于正常使用阶段。

(3) 急剧磨损阶段（CD 段）。当刀具磨损达到一定程度后，刀刃变钝。前、后刀面磨损后刀刃强度显著减弱而缺损，切削条件变差，从而使切削热和切削力增加，刀具磨损速度急剧上升，以致丧失切削能力。因此，切削时应避免使刀具磨损进入这一阶段。

3. 刀具的磨钝标准　刀具的磨钝标准，通常以后刀面磨损量的最大值 V_B 表示。几种常用刀具磨钝标准的参考值见表 1—1。

表 1—1　　　　　几种刀具磨钝标准的参考值 V_B　　　　　　　　　　mm

刀 具	磨损部位	刀 具 材 料							
		高速钢				硬质合金			
		工件材料				工件材料			
		钢		铸铁		钢		铸铁	
		粗加工	精加工	粗加工	精加工	粗加工	精加工	粗加工	精加工
外圆车刀、镗孔刀	后刀面	0.3~0.5	0.1~0.3	2.0~3.0	0.1~0.3	0.6~0.8	0.1~0.3	0.8~1.2	0.1~0.3
钻头	$d_0<10$	后刀面转角处	0.4~0.7		0.5~0.8				0.3~0.5	
	$10\leqslant d_0\leqslant 20$		0.7~1.0		0.8~1.2				0.5~0.8	
	$d_0>20$		1.0~1.4	0.2~0.4	1.2~1.6				0.8~0.1	
端铣刀	后刀面	1.2~1.5	0.2~0.4	1.5~1.8	0.2~0.4	0.8~1.0	0.2~0.4	1.0~1.2	0.2~0.4
齿轮滚刀	后刀面转角处	0.5~0.8	0.1~0.3						

在实际工作中，如发现已加工表面粗糙度值比原来明显增大，表面出现亮点和鳞刺；切削温度升高，切屑颜色改变；切削力增大，甚至出现振动现象；后刀面靠近刃口处明显被磨损，甚至出现不正常的声响等，出现上述现象其中之一时，即说明刀具已经磨损。

二、刀具耐用度

刃磨后的刀具或可转位刀片上的一个刀刃口，自开始切削到磨损量达到磨钝标准为止的有效切削时间，称为刀具耐用度。以 T 表示，单位是分钟（min）。它不同于刀具的寿命。刀具的寿命等于耐用度与可重磨次数的乘积。

刀具耐用度是一个很重要的指标，可用它来比较不同被加工材料的可切削性；或用来比较刀具材料的切削性能；或判断刀具几何参数是否合理。

影响刀具耐用度的因素：

1. 切削三要素　优选切削用量可以提高生产效率。首先尽量选用较大的切削深度 a_p，然后根据加工条件和加工要求选取允许的最大进给量 f，最后才在刀具耐用度或机床功率允许的情况下选取适当的切削速度 v_c。刀具耐用度和切削用量的推荐值见表1—2。

表1—2　　　　　　　　　　刀具耐用度和切削用量的推荐值

刀具材料	被加工材料	工序	切削用量				推荐的刀具耐用度 T(min)
			v_c (m/min)	f (mm/r)	a_p (mm)	切削液	
YT15	45钢	粗车外圆	100	0.35	4	无	102
YT15	45钢	粗车外圆	134	0.60	4.5	无	56
YT15	45钢（调质）	粗车外圆	59	0.55	5	无	75
YT15	38CrSi（调质）	粗车外圆	80	0.60	5	无	63
YT15	40Cr	粗车外圆	77	0.25	2	无	99
YT15	40Cr	镗内孔	83	0.5	4	无	60
YT15	30Cr2MoVA	粗车外圆	69	0.45	5.5	无	55
YG8	HT20—40	粗车外圆	89	0.8	4.5	无	55
YG8	HT20—40	粗车端面	65	0.65	3～5	无	95
高速钢	45钢	钻ϕ20孔	20	0.2	10	乳化液	80～120

2. **刀具的几何参数**　适当增大前角，适当减小主偏角，以及在粗加工和加工较硬的材料时用负的刃倾角保护刀尖，均能有效地提高刀具耐用度。

3. **工件材料**　工件材料的强度、硬度和韧性越高，导热系数越小，加工硬化越严重和热强度越高，则刀具越容易磨损，刀具耐用度越低。

4. **切削液**　合理和充分地使用切削液，能降低切削温度和减小摩擦阻力，能减缓刀具的磨损速度。

复 习 题

1. 金属切削过程中有哪四个变形区？
2. 何为切屑的收缩现象？
3. 积屑瘤和已加工面的冷硬现象对加工有何影响？
4. 刀具的磨损原因有哪些？
5. 刀具磨损分哪三个阶段？画出刀具磨损曲线图。
6. 什么是刀具的耐用度？影响刀具耐用度的因素有哪些？

第二章 机械加工工艺

§2—1 切削加工的质量分析

零件的加工质量包括加工精度和表面质量两个方面。

一、加工精度

加工精度是指零件加工后的实际几何参数（尺寸、形状和位置）与理想几何参数的符合程度。实际几何参数与理想几何参数的偏离程度，称为加工误差。加工误差越小，加工精度越高。

1. 加工精度的内容

（1）尺寸精度。尺寸精度是加工后零件的实际尺寸与理想尺寸的符合程度。理想尺寸是指所标注尺寸的公差带中心值。

（2）形状精度。形状精度是加工后零件表面实际测得的形状和理想形状的符合程度。理想形状是指几何意义上的绝对正确的平面、圆柱面等表面。

（3）位置精度。位置精度是加工后零件各表面相互之间的实际位置和理想位置的符合程度。理想位置是指几何意义上的绝对地平行、垂直、同轴和绝对准确的角度关系等。

零件表面的尺寸、形状和位置精度是有联系的，一般形状精度应比位置精度高，位置精度的公差应小于其尺寸公差值。

2. 影响加工精度的主要因素

（1）机床误差。机床几何精度的误差会影响加工精度，如主轴轴承的径向和轴向间隙太大，使主轴产生径向偏让、摆动和轴向窜动；工作台导轨的直线度不准及间隙太大，使工作台的运动几何精度有误差并产生晃动，以及工作台台面的平面度误差等，对加工精度都有很大影响。

（2）工艺系统中弹性变形所引起的误差。工艺系统中的机床、刀具、夹具和工件等，在受到切削力和夹紧力时，都要产生弹性变形。在加工过程中，工艺系统弹性变形所引起的加工误差，对加工精度有着重大的、有时是决定性的影响。

（3）夹具、刀具及量具的误差。此类误差是指夹具、刀具和量具在制造时本身已存在的误差，及其在使用过程中，由于磨损使精度降低而产生的误差。

（4）理论误差。用近似的加工方法和形状近似的刀具加工而产生的误差，称为理论误差。如用滚齿刀滚齿时，由于刀齿间断地切削齿面，所切出的齿形，实质上是由许多短线段所组成的近似渐开线的折线，而不是一条光滑的渐开线。滚刀的齿数越少，组成折线的直线越长，精度就越差。因此，用大直径密齿的滚齿刀加工能提高加工精度。

在铣床上用仿形法铣齿时，由于铣刀的规格受到限制，所以在理论上也会产生误差。

(5) 装夹误差。装夹误差是工件在夹具中装夹时所产生的定位误差和夹紧误差，包括基准不重合，工件的定位基准精度不够，以及工件与夹具的基准不贴合，夹具的制造安装误差等。

(6) 温度所引起的误差。在切削过程中，由于切削热等因素使工艺系统温度升高而产生膨胀，在加工以后，工件因温度降低而产生收缩，这样也会影响加工精度。切削过程中应减少切削热，从切削热源考虑，应减少切削力和摩擦；从切削热传出考虑，应施加充分的切削液，以降低切削热和减少摩擦。因此，在精加工时，一方面要充分使用切削液；另一方面一定要等工件冷却到接近室温时再测量，以及采用恒温装置等。否则，不可能获得准确的尺寸和形状。

(7) 内应力所引起的误差。所谓内应力，是指在工件外部载荷去除的情况下，仍然残存在工件内部的应力。工件产生的内应力主要来源于热加工和冷加工，如毛坯制造时的内应力；切削加工引起的内应力；冷校直、挤压、喷丸带来的内应力等。在通常情况下，具有内应力的零件往往处于一种不稳定的组织状态，并强烈倾向要恢复到一个没有内应力的稳定状态，即使在常温下，零件也在不断地进行这种变化，直到内应力消失为止，这便是"时效"过程。在这种变化过程中，零件的形状也随之变化，使零件原有的加工精度发生变化。

(8) 其他误差。在操作过程中，因调整不当或用力不当和视差等，也会产生误差，从而影响加工精度。

二、表面质量

切削加工获得的表面，其质量主要表现在表面粗糙度和表面的力学性能两个方面。

1. 影响表面粗糙度的因素

(1) 残留面积。在切削加工中，影响表面粗糙度的几何因素，主要是刀具相对于工件做进给运动时，在加工表面遗留下来的切削层残留面积。残留面积越大，表面越粗糙。残留面积的大小，与切削速度、进给量、刀尖形状（如刀尖圆弧半径、有过渡刃和修光刃与否）及主、副偏角的大小有关。此外，还与刀刃本身的表面粗糙度有关。

(2) 积屑瘤。积屑瘤的长大和脱落，积屑瘤的形状不规则，在加工表面会刻划出一些深浅和宽度不同的沟纹，积屑瘤粘附在加工表面会形成鳞片状毛刺，这些均影响表面粗糙度。

(3) 刀具磨损。刀具磨损后，刃口钝化，后刀面靠近刃口处呈残缺状态，则加工出的表面比较粗糙。另外，钝化的刀具的后刀面与加工表面之间摩擦很严重，也会使表面粗糙度值增大。

(4) 其他因素。在低速或中速切削塑性材料时，容易产生鳞刺。尤其在加工韧性好、硬度低及材质差的材料时，更易产生鳞刺。另外，在切削过程中产生的振动，以及切削液使用不当等，均会使加工面的表面粗糙度增大。

2. 影响表面力学性能的主要因素

(1) 加工硬化。切削过的表面一般都会产生程度不同的冷硬现象，使加工面的表层产生加工硬化。

(2) 残余应力。在切削过程中，刀刃和后刀面对已加工面的挤压和摩擦会产生应力；切削热使表层和工件内部温度有很大差值，由热变形而产生应力；当切削温度较高时，表层将产生相变，使体积发生变化而产生内应力。

(3) 其他因素。由于表层材料产生相变而使硬度和强度发生变化。在切削温度高时，加工表面可能产生氧化层而使性能降低，以及由于内应力存在而引起表面产生细小裂纹，从而影响疲劳强度。

3. 表面质量对零件使用性能的影响　表面粗糙度将影响零件的耐磨性、耐腐蚀性、抗疲劳性（与应力综合影响）以及零件的配合性能。

§2—2　定位基准的选择

一、工件定位和定位元件

1. 六点定位原则

(1) 工件的六个自由度。位于任意空间的工件，相对于三个互相垂直的坐标平面共有六个自由度，如图 2—1 所示。工件沿 OX, OY, OZ 三个坐标轴移动的自由度，分别用 $\vec{X}$, $\vec{Y}$, $\vec{Z}$ 表示；绕三个坐标轴转动的自由度，分别用 $\hat{X}$, $\hat{Y}$, $\hat{Z}$ 表示。

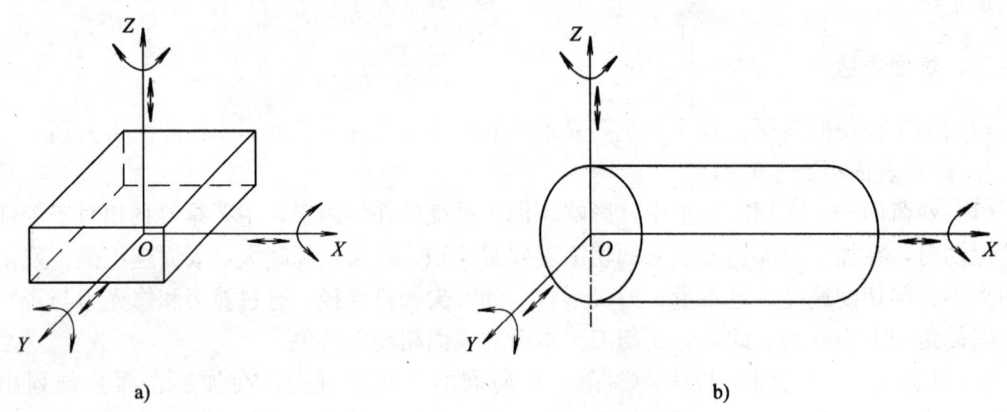

图 2—1　工件的六个自由度
a) 矩形工件　　　b) 圆柱形工件

(2) 六个自由度的限制（六点定位）。要使工件在空间的位置完全确定下来，必须消除六个自由度。通常是用一个固定的支承点限制工件的一个自由度。用合理分布的六个支承点限制工件的六个自由度，使工件在夹具中的位置完全确定，这就是六点定位原则。六个支承点的分布，要视工件的形状而定。如图 2—2 所示，在矩形工件上铣削半封闭式矩形槽时，为保证加工尺寸 A，需要用图 2—2b 中的支承 1，2，3 来限制工件的 $\vec{Z}$, $\hat{X}$, $\hat{Y}$ 三个自由度。为保证 B 尺寸，还需用支承 4 和 5 来限制 $\vec{X}$ 和 $\hat{Z}$ 两个自由度。为保证 C 尺寸，最后需用支承 6 来限制 $\vec{Y}$ 的自由度。根据在矩形工件上铣削半封闭槽的要求，需把工件的六个自由度全部限制，并用六个支承点加以限制，如图 2—2c 所示。

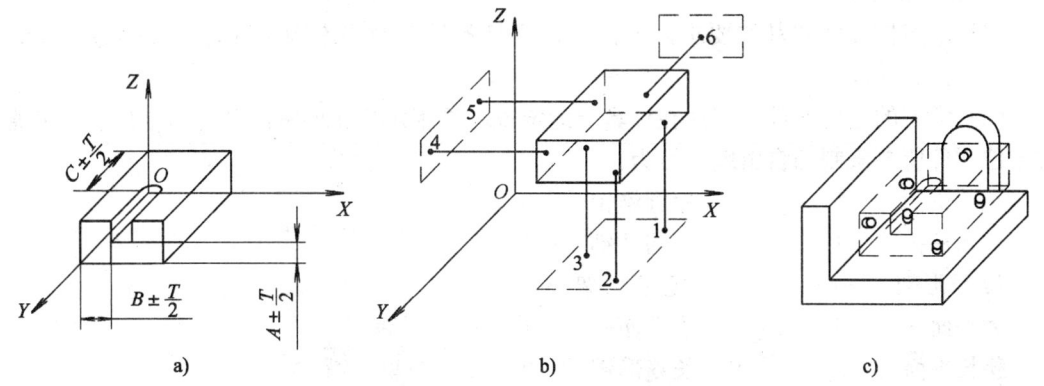

图 2—2 矩形工件的六点定位
a) 工件　　b) 定位分析　　c) 支承点布置

2. 限制工件的自由度与加工要求的关系　实际上,工件加工时并非一定要求限制全部六个自由度才能获得必要的正确位置,而应根据不同工件的具体要求,限制它的某几个或全部自由度。根据支承点对工件限制自由度的情况不同,工件的定位可以有以下几种情况:

(1) 完全定位。工件的六个自由度全部被限制时的定位,称为完全定位。如图 2—2 所示的工件,根据加工要求,工件需要完全定位。

(2) 部分定位。部分定位又称不完全定位,即在满足工件加工要求的条件下,所限制的自由度不足六个的定位。这里所指的部分定位是指合理的不完全定位。如在矩形工件上铣平面,只需限制三个自由度。图 2—2a 所示工件上的槽若为通槽,则 $\overleftrightarrow{Y}$ 可不限制,只需限制五个自由度。

(3) 欠定位。欠定位是指根据工件的加工要求,应限制的自由度未被限制的定位。

欠定位是不合理的部分定位,其结果将导致无法保证工序所规定的加工要求。如果图 2—2 中不设端面支承 6,则在一批工件上半封闭槽的长度就无法保证;若缺少侧面两个支承点时,则工件上 B 的尺寸和槽与工件侧面的平行度均无法保证。因此,在确定工件在夹具中的定位方案时,绝不允许欠定位的现象存在。

(4) 重复定位。重复定位又称过定位,是指用两个或两个以上的支承点限制工件同一个自由度的定位。图 2—3 所示为以四个支承点对工件底面定位,则其中必有一个支承点是多余和重复的。这样,其中一个支承点就不与工件底面接触,并使另外三点分布不均匀,反而使工件定位不稳。当夹紧之后,或工件被压变形,或夹具定位部分被压变形,使四个支承点与工件底面接触,在切削结束后工件因变形恢复而影响加工精度。因此,过定位易造成工件位置不确定,使工件、夹具产生夹紧变形,在生产中应该设法加以处理或消除。解决措施:一是提高定位表面加工精度;二是将重复限制工件自由度的主要支承保留,其他支承变为辅助支承。

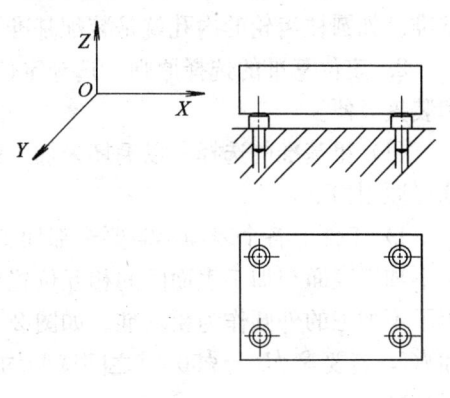

图 2—3 平面的重复定位

3. 常用的定位元件

(1) 对定位元件的基本要求。定位元件应具备足够的强度和刚性，耐磨性好、工艺性好、便于清除切屑等。

(2) 常用的定位元件。工件在夹具上的定位，是用定位元件限制其自由度的。一般常用的定位元件所能限制的自由度数目为：

长圆锥销——5　　　　短圆锥销——3
长圆柱销——4　　　　短圆柱销——2
长V形架——4　　　　短V形架——2
大平面——3　　　　　小平面——1
狭长平面——2　　　　长菱形销——2
短菱形销——1

定位元件的长与短、大与小是相对的，要根据定位基准的尺寸而予以考虑。一般认为定位基准表面贴合或包容定位表面大于1/2以上时，可称为长V形架、大平面等。当定位基准表面贴合或包容定位表面小于1/3以下时，可称为短V形架、小平面等。

二、定位基准的选择

用来确定生产对象上几何要素间的几何关系所依据的那些点、线、面，称为基准点、线、面。应根据基准点、线、面来确定其他点、线、面的距离和位置。

1. 基准的分类　基准分设计基准和工艺基准两大类。

(1) 设计基准。设计图样上所采用的基准称为设计基准。设计基准一般是零件图上标注尺寸的起点或对称点，以及有基准符号的点、线、面，如齿轮的轴线或孔中心线等。矩形零件和箱体零件等很多以底面为设计基准。

(2) 工艺基准。在工艺过程中所采用的基准称为工艺基准。其中包括：定位基准、测量基准和装配基准等。

1) 定位基准。在加工中用作定位的基准称为定位基准。如齿轮的内孔、零件的底平面等。由于加工时，要求工件能装夹稳定和承受较大的力，所以大都以面作为定位基准面。平时把定位基准称为基准面，就是这个原因。

2) 测量基准。测量时采用的基准称为测量基准。测量基准是标注尺寸的起点或对称点。

3) 装配基准。装配时用来确定零件或部件在产品中的相对位置所采用的基准称为装配基准。如圆柱齿轮的内孔就是装配基准。

2. 定位基准的选择原则　选择定位基准时，主要应掌握两个原则，即要保证加工精度和装夹方便。

(1) 粗基准的选择。以毛坯未加工的表面为基准，这种定位基准称为粗基准。粗基准的选择原则如下：

1) 工件上各个表面不需要全部加工时，应以不加工的面作粗基准，这样可以较好地保证不加工表面与加工表面间的相互位置要求。如图2—4a所示的零件，为保证壁厚均匀，选用了不加工的外圆作为粗基准。如图2—4b所示的零件，在径向有三个不加工表面ϕA、ϕB和ϕC，若要求ϕB与$\phi 50^{+0.1}_{\ 0}$之间壁厚均匀，则应在这三个不加工表面中选取ϕB作为径向的粗基准。

2）当工件上所有表面都需要加工时，应选择加工余量最小的表面作粗基准。

如图 2—5 所示的零件毛坯，表面 ϕA 比 ϕB 的余量要大，选择 ϕB 作为粗基准就比较有利。

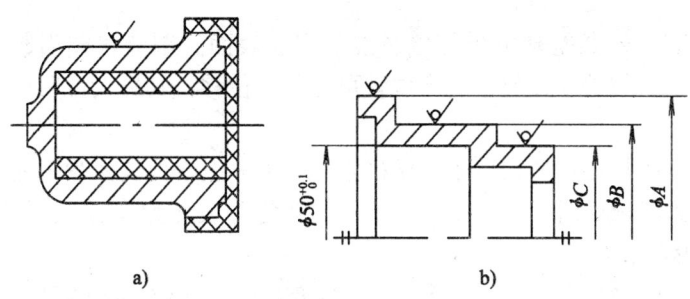
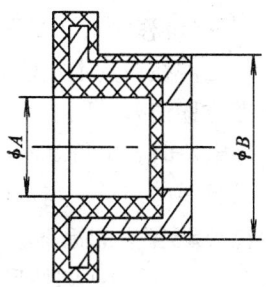

图 2—4　粗基准的选择　　　　　图 2—5　用余量小的表面作粗基准

3）尽量选择光洁、平整和幅度大的表面作粗基准，以便定位准确，夹紧可靠。

4）粗基准一般只使用一次，尽量避免重复使用。

（2）精基准的选择。以加工过的表面作为定位基准称精基准。精基准选择原则如下：

1）采用基准重合的原则。尽量采用设计基准、装配基准和测量基准作为定位基准，避免产生基准不重合误差。

2）采用基准统一的原则。当零件上有几个相互位置精度要求高、关系比较复杂的表面，而且这些表面不能在一次装夹中加工出来时，那么，在加工过程的各次装夹中应该采用同一个定位基准。另外，在加工过程中，采用同一个基准，可使各道工序的夹具结构基本相同，甚至可采用同一夹具，以减少制造夹具的费用。

3）遵照互为基准、反复加工的原则。如加工内外圆同轴度要求很高的轴套类零件，往往以内孔为定位基准加工外圆，再以外圆为基准加工内孔，甚至反复加工数次。

4）定位基准应能保证工件在定位时具有良好的稳定性，以及尽量使夹具的结构简单。

5）定位基准应保证工件在受夹紧力和切削力等外力作用时所引起的变形最小。

选择定位基准时必须根据具体情况仔细地分析和比较，选择合理的定位基准。

三、定位误差

工件在夹具上定位时将产生误差，称为定位误差（ΔD）。定位误差分为：

1. 基准不重合误差（ΔB）　这类误差是由于定位基准与设计基准（在工序图上是工序基准）不重合引起的，它只与定位基准的选择有关。若所选定位基准与工序基准重合，则 $\Delta B=0$；若所选定位基准与工序基准不重合，则 ΔB 的大小等于两基准沿工序尺寸方向上的公差值。

图 2—6 所示工件钻孔时，要求保证的工序尺寸是 $A+\delta_a$。若以 M 面作为定位基准时，则：

$$\Delta B=\delta_b+2\delta_c$$

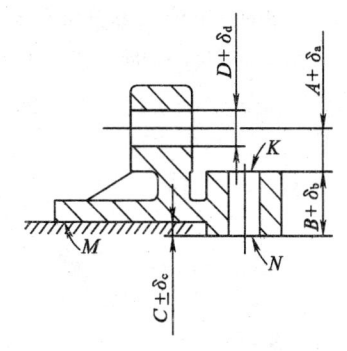

图 2—6　误差 Δ 不重合的分析图

若以 N 面作为定位基准时，则：
$$\Delta B = \delta_b$$
若以 K 面作为定位基准时，则：
$$\Delta B = 0$$

2. 基准位移误差（ΔY）　基准位移误差是由于定位基准及定位表面的制造误差引起的。它是工件在夹具中定位时，由于定位基准相对于规定位置可能产生位移，其最大位移量就叫基准位移误差，以 ΔY 表示。

工件定位时，定位基准在夹具中的规定位置按以下规定确定：当夹具上定位表面为平面时，则以此平面表示；当定位表面为圆柱面时，则以中心线表示；当定位表面为 V 形架时，则以放在 V 形架上的标准心轴的轴线表示。

图 2—7 所示为在圆柱形工件上铣一斜面的情况。当工件直径变化时，定位基准的最大位移量为 OO'。由于工序尺寸方向与基准位移的方向不一致，因此，OO' 在工序尺寸方向上的投影才是影响工序尺寸的基准位移误差。

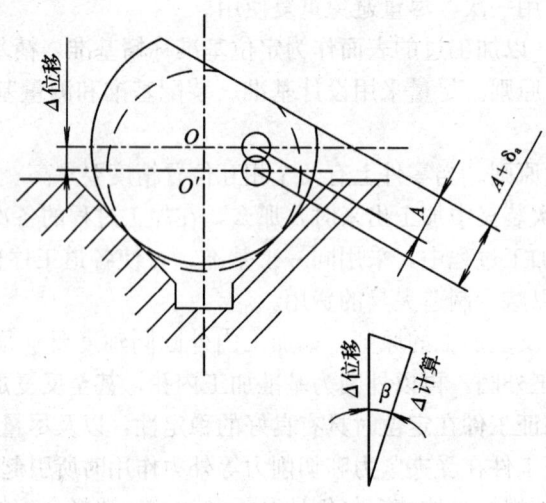

图 2—7　Δ 位移与 Δ 计算的关系

即：Δ 计算 $= OO' \cos\beta$

式中　β——定位基准最大位移量 OO' 与工序尺寸方向间的夹角。

由于工件定位时，工序基准的位置同时受着基准位移误差和基准不重合误差的影响，这两类误差都是在定位时产生的，所以取名为定位误差，以 ΔD 表示。
$$\Delta D = \Delta B + \Delta Y$$

§2—3 工艺规程

一、基本概念

1. 生产过程和工艺过程

(1) 生产过程。将原材料转变为成品的全过程，称为生产过程。生产过程包括：生产技术准备，如产品设计、毛坯的制造、零件的加工和热处理、装配、检验和试车以及各种生产服务（如半成品标准件和材料的供应及产品的包装、运输等工作过程）等。

(2) 工艺过程。改变生产对象的形状、尺寸、相对位置和性质等，使其成为成品或半成品的过程，称为工艺过程。它包括：毛坯制造、机械加工、热处理和装配等过程。

(3) 机械加工工艺过程。利用机械力对各种工件进行加工的过程，称为机械加工工艺过程。它主要是使材料或毛坯改变形状、尺寸和表面质量，使之成为零件的过程。

2. 机械加工工艺过程的组成

(1) 工序。一个或一组工人，在一个工作地（如机床、钳台等）对同一个或同时对几个工件所连续完成的那一部分工艺过程，称为工序。

划分工序的主要依据是零件加工过程中的工作地点是否变动。如图 2—8 所示的小轴，按单件生产制定的工艺过程见表 2—1，按成批生产制定的工艺过程见表 2—2。

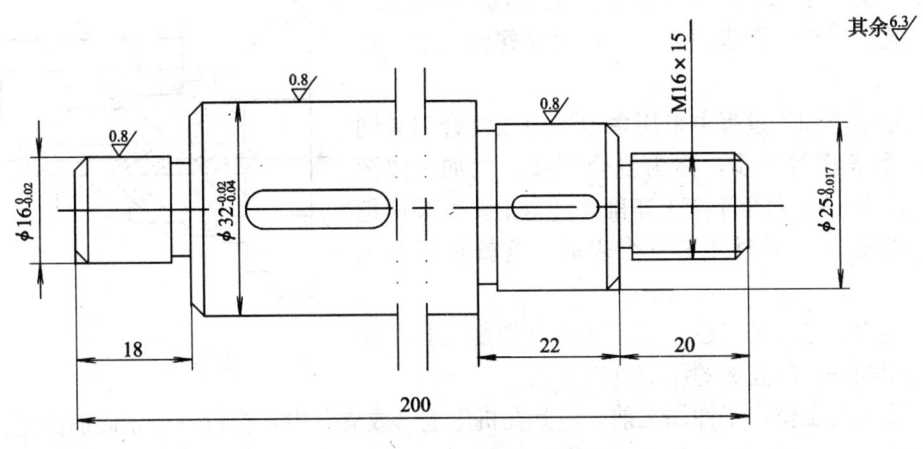

图 2—8 小轴零件简图

表 2—1　　　　　　单件生产的小轴加工工艺过程

工序号	工序名称	工序内容	工作地点
0	毛坯	下料 φ35×205	锯床
1	车	车两端面及打中心孔，车全部外圆、切槽及倒角，外圆留磨量，车螺纹	普通车床
2	热处理	调质 HRC28～35	热处理车间
3	磨	磨各外圆至图示尺寸要求	外圆磨床
4	铣	铣两键槽，并去毛刺	立式铣床
5	检验	按零件图尺寸检验	检验台

表 2—2　　　　　　　　　　成批生产的小轴加工工艺过程

工序号	工序名称	工序内容	工作地点
0	毛坯	下料 φ35×205	锯床
1	车	车两端面及打中心孔	车床
2	车	车右端三个外圆并切槽、倒角	仿形车床
3	车	车左端三个外圆并切槽、倒角	仿形车床
4	热处理	调质 HRC28～35	热处理车间
5	钳	研磨中心孔	钻床
6	磨	磨右端一外圆	外圆磨床
7	磨	磨右端另一外圆	外圆磨床
8	磨	磨左端一外圆	外圆磨床
9	铣	铣两端键槽	专用键槽铣床
10	铣	铣螺纹	螺纹铣床
11	钳	去毛刺	钳工台
12	检验	按图示尺寸检验	检验台

（2）工步。在加工表面（或装配时的连接表面）和加工（或装配）工具不变的情况下，所连续完成的那一部分工序，称为工步。在一个工序中包含一个工步或数个工步。

例如，上述表 2—1 中工序 1 需要车削两个端面、两个中心孔、四个外圆表面、三个沟槽及螺纹表面，就要分 12 个工步。

在批量生产加工过程中采用多刀多刃或复合刀具同时加工几个表面的工步，称为复合工步。例如，如图 2—9 所示，零件在六角车床上车削，转盘上要安装两把车刀和一把钻头，同时加工三个表面，这就是复合工步。

（3）走刀。走刀是指在一个工步中，切削工具在加工表面上切削一次所完成的那部分工步内容。

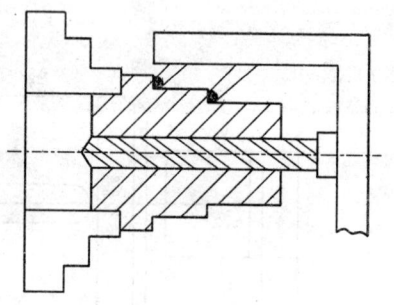

图 2—9　复合工步

（4）安装与工位。工件加工前，使其在机床上（或夹具中）获得一个正确而固定位置的过程称为安装。安装包括工件定位和夹紧两部分内容。在一个工序中，可能只有一次安装，也可能有几次安装，例如，表 2—1 中的工序 1 中就需要两次以上的安装，而表 2—2 中的工序 2 和 3 中需要一次安装。工件加工中应尽可能减少安装次数，在一个工序中安装次数增多，不仅增加了装卸的辅助时间，而且影响工件的位置精度。

为减少安装次数，在成批生产中常采用各种转位（或移位）夹具。利用回转工作台或多轴机床加工时，工件在机床上安装后，经过若干位置的转动或移动，可获得几个不同的加工位置。工件在机床上占据的每一个位置称为工位。表 2—3 为夹具主体零件加工工艺过程示例，夹具主体零件图如图 2—10 所示。

表 2—3　　　　　　　　夹具主体零件加工工艺过程

工序号	工序名称	工序内容（工步）	安装	工位	走刀
0	毛坯	锻造调质			
1	车	1) 车端面	1	1	1
		2) 钻螺纹底孔			1
		3) 做顶尖孔 60°斜边			1
		4) 粗、精车外圆 φ70 及端面 M			4
		5) 车莫氏 4 号锥体			10
		6) 钻孔 φ13			1
		7) 攻内螺纹 M12			1
		8) 调头车端面 K	1	1	2
		9) 粗、精车螺纹 M42×2 外圆			4
		10) 钻孔 φ16			1
		11) 扩孔 φ19.75			2
		12) 车内孔退刀槽			1
		13) 铰孔 φ20+0.021		1	
		14) 孔口倒角 60°			1
		15) 切槽			1
		16) 车螺纹 M42×2			8
2	磨	磨莫氏 4 号锥体			4
3	钳	去毛刺			
4	检验	按零件图尺寸检验			

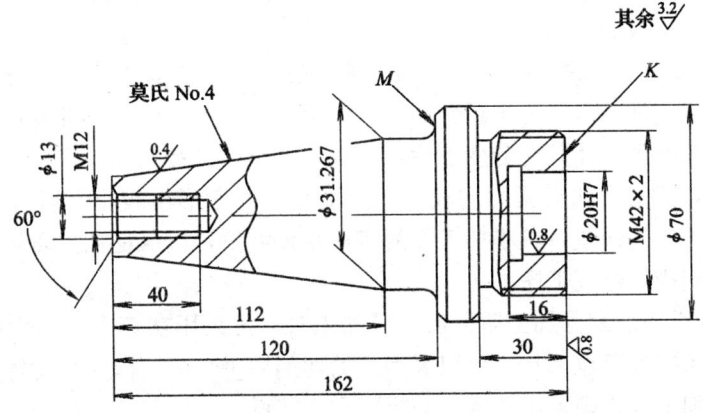

图 2—10　夹具主体零件图

3. **工艺规程**　一个零件的工艺过程，是根据产品的生产类型（单件生产、成批生产、大量生产）、零件的大小和复杂程度，结合本厂或车间的设备等具体条件制定的。规定产品或零部件制造工艺过程和操作方法等的工艺文件，称为工艺规程。

在制定工艺过程时，应满足下列要求：

(1) 保证产品质量，可靠地达到产品图样提出的全部要求。

(2) 有高的生产率，保证按期完成规定的生产任务。

(3) 能减少人力和物力的消耗，降低生产成本。

此外，还应考虑降低工人的劳动强度，使操作工人有良好的工作条件。

二、工艺过程的安排

1. 表面加工方案的选择　零件表面的加工方法，首先取决于加工表面的加工精度和表面粗糙度，例如，对精度为 IT7、表面粗糙度为 $R_a12.5\sim1.6~\mu m$ 的不淬硬平面，可采用铣削获得；精度为 IT8～IT7，表面粗糙度为 $R_a3.2\sim0.8~\mu m$ 的不淬硬内孔，可采用粗镗-半精镗-精镗获得。当加工表面的加工精度和表面粗糙度要求更高时，最后可采用磨削或超精密磨削和精密镗削来获得。大量生产时，孔可采用拉削获得。因此，选择加工方案时，生产类型也是考虑的主要内容之一。

2. 划分加工阶段　对重要的零件，为保证加工质量和合理地使用设备，加工过程一般应划分为三个阶段，即粗加工阶段、半精加工阶段和精加工阶段。

(1) 三个加工阶段的性质。

1) 粗加工阶段。粗加工是从坯料上切除较多的余量，加工精度较低、表面粗糙度值比较大的加工过程。粗加工阶段的任务有两个方面，一方面是以尽可能高的效率去除余量，减少工件的内应力，为精加工阶段作准备；另一方面是及时发现毛坯的缺陷。

2) 半精加工阶段。半精加工阶段是在粗加工和精加工之间所进行的过程。对毛坯余量较大和要求高的工件，在精加工之前可安排半精加工，以保证零件的质量。热处理工序一般安排在半精加工之前或之后。

3) 精加工阶段。精加工是从工件上切除较少余量，所得精度比较高，表面粗糙度值比较小的加工过程。精加工阶段的任务是，使零件的形状、尺寸基本上达到图样要求。若零件上某些表面的精度要求很高，则还需进行精细的光整加工，此时在精加工时应留一些余量。

(2) 划分加工阶段的目的。

1) 保证加工质量。工件在粗加工时切除较多的余量，切削力和夹紧力较大，产生的热量多、温度高，且工件内部应力重新分布，这些都会使工件产生较大的变形。因此，在粗加工后，须经过时效处理，让其充分变形后，再进行半精加工和精加工。由于半精加工和精加工切除余量很小，切削力和夹紧力均较小，故引起工件变形也较小。通过半精加工和精加工，可逐步纠正工件的误差，减小加工面的表面粗糙度值，以保证加工质量，并且有利于在粗、精加工之间安排热处理工序。

2) 合理使用设备。划分加工阶段后，粗加工时，可采用功率大、刚性好和精度较低的机床，对工艺装备的要求也不高，可以采用高的切削用量切削，以充分发挥设备的潜力，提高生产效率。精加工时，则采用精度高的机床和工艺设备，以保证工件的加工精度。将粗、精加工分开，有利于设备精度的保持。

3. 加工顺序先后的安排

(1) 按"先基准后其他"的顺序，应先加工作为精基准的表面，以利于后几道工序的定位正确。

(2) 按"先粗后精"的顺序，先把各加工面进行粗加工，然后再半精加工和精加工。

(3) 按"先主后次"的顺序，先对精度要求高的表面作粗加工和半精加工。对易于出现废品的工序，精加工和光整加工可适当提前。但在一般情况下，主要表面的精加工和光整加工应放在最后进行，以免在加工其他表面时引起变形和损伤。

（4）对零件上刚性低、强度差的表面，以及对装夹有影响的表面，应在较后加工，目的是在加工其他表面时有较好的刚性。

4. 工序的集中和分散　工序的集中和工序的分散是拟订工艺路线的两种不同的原则。

（1）工序集中。工序的集中是指在一道工序中尽可能包含多的加工内容，而使总的工序数目减少。工序集中有以下特点：

1）利于采用高生产率的设备，如数控机床等，以提高生产率。

2）工序集中，工件装夹次数可减少，在一次装夹中可加工较多的表面，容易保证零件表面间的相互位置精度。

3）由于减少了工序数目，从而简化了工艺路线，缩短了生产周期。

4）减少了机床设备、生产工人和生产场地，但一般对操作工人的技术水平要求较高。

（2）工序分散。工序分散是将各个表面的加工分得很细，工序多，每道工序的加工内容少，甚至每道工序只加工某个表面。工序分散有以下特点：

1）一般都可利用普通机床和通用的工艺设备。

2）生产工人容易掌握，产品变换容易。

3）大量生产时采用的流水线式生产方式，就是采用工序分散的方法。

工序集中和工序分散各有其特点，就是在一个工艺过程中，可能将某几个工序用高生产率的机床以集中方式进行加工，而某几个工序则分散成几个工步，采用流水线式生产方法进行加工。

5. 加工余量　加工余量主要有加工总余量和工序余量两种。

（1）工序余量。工序余量是指相邻两工序的工序尺寸之差，也就是指某表面在一道工序中所切除表层的厚度。工序余量 a 不应小于上道工序留下的表面粗糙度 H_a，以及表面缺陷和变形层深度 T_a 之和，如图 2—11 所示。另外，还要考虑形位误差引起的偏差。

工序余量公差又称为工序尺寸的公差，一般按"向体原则"标注。即被包容面，如工件的厚度和轴等，其工序尺寸就是最大尺寸；对于包容面，如槽和孔等，其工序尺寸就是最小尺寸。

（2）加工总余量。加工总余量又称毛坯余量，是指毛坯尺寸与零件图的设计尺寸之差。加工总余量是工序余量的总和。

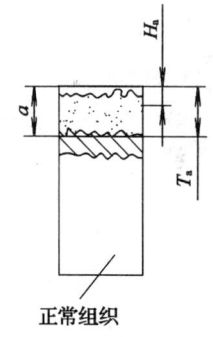

图 2—11　工序余量

复 习 题

1. 什么是加工精度？包含哪些内容？
2. 影响加工精度的因素有哪些？
3. 什么是表面质量？包含哪些内容？
4. 影响表面质量的因素有哪些？
5. 什么是六点定位原则？
6. 什么是完全定位、部分定位、欠定位和重复定位？
7. 重复定位可否采用？若采用应采取什么措施？

8. 定位基准如何选择？
9. 什么是生产过程和工艺过程？
10. 机械加工工艺过程由哪几部分组成？
11. 工件的安装包括哪几部分内容？
12. 划分加工阶段的目的是什么？
13. 零件表面切削加工的先后顺序应按哪些原则安排？
14. 什么是工序集中和工序分散？各有何特点？
15. 加工余量有哪几种？

第二篇　数控编程与操作

第三章　数控机床

数控机床又称 CNC（Computer Numerical Control）机床，是由电子计算机或专用电子计算装置对数字化的信息进行处理而实现自动控制的机床。

国际信息处理联盟（IFIP）第五技术委员会对数控机床定义如下：数控机床是一个装有程序控制系统的机床，该系统能够逻辑地处理具有使用号码或其他符号编码指令规定的程序。定义中所说的程序控制系统即数控系统。

也可以这么说：把数字化了的刀具移动轨迹的信息输入数控装置，经过译码、运算，从而实现控制刀具与工件相对运动，加工出所需要的零件的一种机床即为数控机床。

§3—1　数控机床的工作原理及组成

一、数控机床基本工作原理

数控机床加工是把刀具与工件的运动坐标分成最小的单位量即最小位移量，由数控系统根据工件程序的要求，向各坐标轴发出指令脉冲，使各坐标移动若干个最小位移量，从而实现刀具与工件的相对运动，以完成零件的加工。

如图 3—1 所示的凸轮曲线 L，要求刀具 T 沿工件的曲线轨迹进行切削加工。

可以设想将曲线 L 细分成 ΔL_1、ΔL_2、$\cdots$、ΔL_i 等线段。设在单位时间内，在 X 坐标及 Y 坐标方向移动量分别为 ΔX_1、ΔY_1，即合成线段 ΔL_1：

$$\Delta L_1 = \sqrt{\Delta X_1^2 + \Delta Y_1^2}$$

同样　$\Delta L_2 = \sqrt{\Delta X_2^2 + \Delta Y_2^2}$

$\cdots$

$\Delta L_i = \sqrt{\Delta X_i^2 + \Delta Y_i^2}$

由于 ΔL 的斜率不断变化，因此进给分量 $\Delta Y/\Delta X$ 也随之不断变化。只要机床计算机能连续地控制 X、Y 两个坐标方向 $\Delta Y/\Delta X$ 的比值，就可实现曲线 L 的数控加工。

在数控加工中，进给分量 ΔX、ΔY 的移动是由数控装置给伺服电动机传递运动的脉冲群来完成

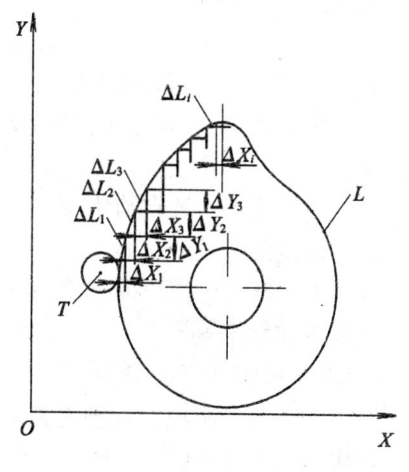

图 3—1　凸轮曲线

的。一个脉冲所对应的机床位移量称为脉冲当量,单位:毫米/脉冲。

当走刀轨迹为直线或圆弧时,数控装置则在线段的起、终点坐标之间进行"数据点的密化",即插补,向各坐标轴输出脉冲数,保证各个坐标轴同时运动到线段的终点坐标,这样数控机床就能够加工出所需要的直线或圆弧轮廓。

综上所述,数控机床加工时,是根据工件图样的工艺要求,将机床各运动部件的移动量、速度、动作先后顺序、主轴转速、转向及冷却等要求,以规定的数控代码形式编制程序单,并输入到机床专用计算机中。然后数控系统根据输入的指令,机床专用计算机进行编译、运算和逻辑处理后,输出各种信号和指令,控制机床各个部分进行规定位移和动作。其中,进给系统工作原理如图3—2所示。由数控系统发出的指令脉冲,经驱动电路控制和放大后,使伺服电动机转动,通过齿轮副(或直接)经滚珠丝杠,驱动机床工作台和头架滑板,再与选定的主轴转动相配合,便可加工出不同形状的工件。

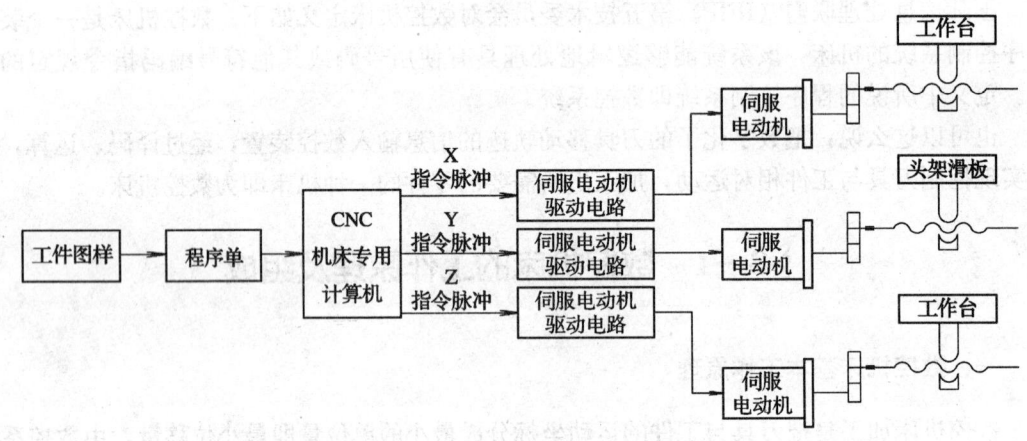

图3—2 数控机床进给系统工作原理图

二、数控机床的组成

数控机床一般由主机、控制部分、伺服系统、辅助装置四部分组成。

1. 主机 主机是数控机床的机械部件,包括床身、主轴箱、工作台、进给结构等。

数控机床主体结构有以下特点:

(1)由于采用了高性能的主轴及伺服传动系统,数控机床的机械传动结构大为简化,传动链较短。

(2)为适应连续地自动化加工,数控机床机械结构具有较高的动态刚度和阻尼精度,具有较高的耐磨性而且热变形小。

(3)为了减少摩擦,提高传动精度,数控机床更多地采用了高效传动部件,如滚珠丝杠副和直线滚动导轨等。

2. 控制部分(CNC装置) 控制部分是数控机床的控制核心,一般是一台机床专用计算机,包括印制电路板、各种电器元件、屏幕显示器(监视器)和键盘、纸带、磁带等部分。纸带、磁带目前已较少使用。

CNC装置的基本工作过程如下:

(1) 输入。输入内容有零件程序、控制参数、补偿数据。输入形式有键盘输入、磁盘输入、计算机传送、光电阅读机纸带输入等。

(2) 译码。其目的是将程序段中的各种信息，按一定语法规则解释成数控装置能识别的语言，并以一定的格式存放在指定的内存专用区间。

(3) 刀具补偿。刀具补偿包括刀具长度补偿、刀具半径补偿。

(4) 进给速度处理。编程所给定的刀具移动速度是加工轨迹切线方向的速度，速度处理就是将其分解成各运动坐标方向的分速度。

(5) 插补。一般 CNC 装置能对直线、圆弧进行插补运算。一些专用或较高档的 CNC 装置还可以完成椭圆、抛物线、正弦曲线和一些专用曲线的插补运算。

(6) 位置控制。在闭环 CNC 装置中，位置控制的作用是在每个采样周期内，把插补计算得到的理论位置与实际反馈位置相比较，用其差值去控制进给电动机。

3. 伺服系统

(1) 机床伺服系统是以机床移动部件（工作台）的位置和速度作为控制量的自动控制系统。伺服系统接受计算机插补生成的进给脉冲或进给位移量，然后将其转化为机床工作台的位移。

(2) 伺服系统应满足的要求是进给速度范围要大（如 0.1 mm/min 低速趋近，15 m/min 快速移动）、位移精度要高、工作速度响应要快以及工作稳定性要好。

(3) 伺服系统由驱动装置和执行机构组成。驱动装置是执行机构（工作台、主轴）的驱动部件，它包括主轴电动机、进给伺服电动机。

(4) 数控机床的伺服系统按其控制方式，可分为开环伺服系统、半闭环伺服系统、闭环伺服系统三大类。

4. 辅助装置　辅助装置是指数控机床的一些配套部件，包括刀库，液压、气动装置，冷却系统和排屑装置等。

§3—2　数控机床的分类

一、按工艺用途分类

数控机床是在普通机床的基础上发展起来的，各种类型的数控机床基本上起源于同类型的普通机床，按工艺用途分类大致如下：

1. 普通数控机床　普通数控机床有数控车床、数控铣床、数控钻床、数控镗床、数控齿轮加工机床、数控磨床等。这类数控机床的工艺性能和通用机床相似。

2. 加工中心　加工中心是带有刀库和自动换刀系统的数控机床。常见的有数控车削中心、数控车铣中心、数控镗铣中心。

3. 数控特种加工机床　此类数控机床有数控线切割机床、数控电火花加工机床、数控激光切割机床等。

4. 其他类型的数控机床　如数控三坐标测量仪等。

二、按控制运动的方式分类

1. 点位控制数控机床　该机床只对点的位置进行控制，即机床的数控装置只控制机床移动部件从一个位置（点）精确地移动到另一个位置（点），移动过程中不进行加工，如图 3—3 所示。采用点位控制的机床有数控坐标镗床、数控钻床以及数控冲床等。

2. 点位直线控制数控机床　这种机床不仅要控制点的准确位置，而且要控制刀具（或工作台）以一定的速度沿与坐标轴平行的方向进行切削加工，如图 3—4 所示。此类机床应具有主轴转速的选择与控制，切削速度与刀具选择以及循环进给加工等辅助功能。这种控制常应用于简易数控车床、镗铣床和某些加工中心等，现已较少使用。

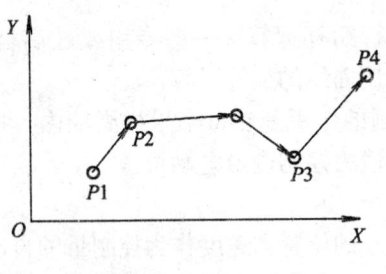
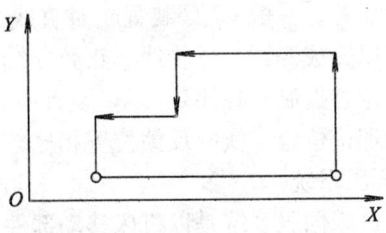

图 3—3　数控机床的点位加工　　　　图 3—4　点位直线加工

3. 轮廓控制数控机床　这种机床能同时对两个或两个以上的坐标轴实现连续控制。它不仅能够控制移动部件的起点和终点，而且能够控制整个加工过程中每点的位置与速度。也就是说，能连续控制加工轨迹，使之满足零件轮廓形状的要求，如图 3—5 所示。这种机床具有刀具补偿、主轴转速控制以及自动换刀等较齐全的辅助功能。

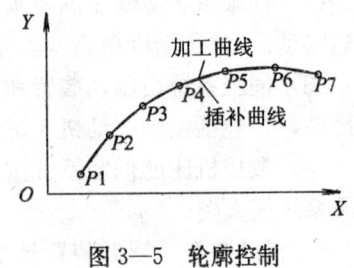

图 3—5　轮廓控制

轮廓控制主要用于加工曲面、凸轮及叶片等复杂形状的数控铣床、数控车床、数控磨床和加工中心等。现在的数控机床多为轮廓控制数控机床。

三、按同时控制且相互独立的轴数分类

1. 二坐标机床　如数控车床，可加工曲面回转体；某些数控镗床，二轴联动可镗铣斜面。

2. 三坐标数控机床　如一般的数控铣床、加工中心，三轴联动可加工曲面零件。

3. $2\frac{1}{2}$ 坐标数控机床　此类数控机床又称二轴半，实为二坐标联动，第三轴做周期性等距运动。

4. 多坐标数控机床　四轴及四轴以上联动称为多轴联动。例如，五轴联动铣床，工作台除 X、Y、Z 三个方向可直线进给外，还可绕 Z 轴旋转进给（C 轴），刀具主轴可绕 Y 轴做摆动进给（B 轴）。

四、按伺服系统分类

根据有无检测反馈元件及其检测装置，机床的伺服系统可分为开环伺服系统、闭环伺服系统、半闭环伺服系统。

1. 开环伺服数控机床　在开环伺服系统中，机床没有检测反馈装置，如图3—6所示，即数控装置发出的信号流程是单向的。工作台的移动速度和移动量是由输入脉冲的频率和脉冲数决定的。由于开环伺服系统对移动部件的实际位移无检测反馈，故不能补偿系统精度，因此伺服电动机的误差以及齿轮与滚珠丝杠的传动误差，都将影响被加工零件的精度。但开环伺服系统的结构简单，成本低，调整维修方便，工作可靠，它适用于精度、速度要求不高的场合，如简易机床、小型X—Y工作台、线切割机和绘图仪等。

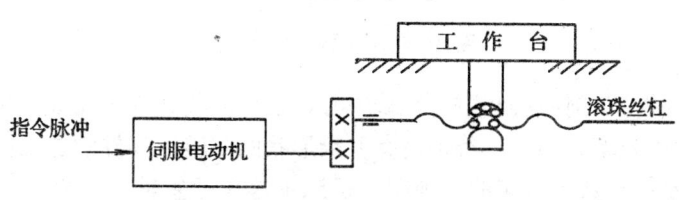

图3—6　开环伺服系统

2. 闭环伺服数控机床　闭环伺服系统是在机床移动部件上安装直线位置检测装置，如图3—7所示，它将检测到的实际位置反馈到数控装置中，与指令要求的位置进行比较，用差值进行控制，直到差值消除为止，最终实现移动部件的高位置精度。这种位置补偿回路也称位置环。

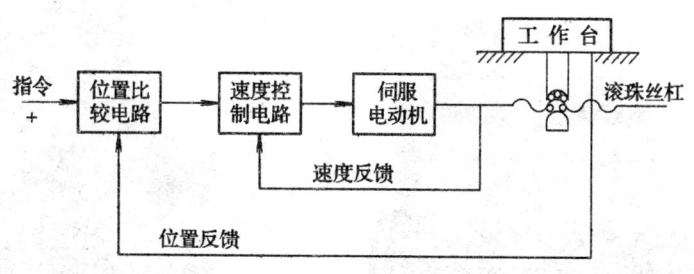

图3—7　闭环伺服系统

在闭环伺服系统中，机械系统也包括在位置环之内，诸如机械固有频率、阻尼比和间隙等因素，将会影响系统的稳定性，从而增加了系统设计和调试的难度。

3. 半闭环伺服数控机床　这种控制方式对移动部件的实际位置不进行检测，而是通过检测伺服电动机的转角间接地测知移动部件的实际位移量，用此值与指令值相比较，通过差值进行控制，如图3—8所示。

对于半闭环伺服系统，由于其角位移检测装置结构简单，安装方便，而且惯性大的移动部件不包括在闭环内，所以系统调试方便，并有很好的稳定性。

半闭环伺服系统的控制精度介于开环和闭环之间，其应用广泛。

五、主要数控机床介绍

1. 数控车床　数控车床主要用于加工轴类、盘套类等回转体零件，能够通过程序控制自动完成内外圆柱面、锥面、圆弧、螺纹等的切削加工，并可进行切槽，钻、扩、铰孔等工

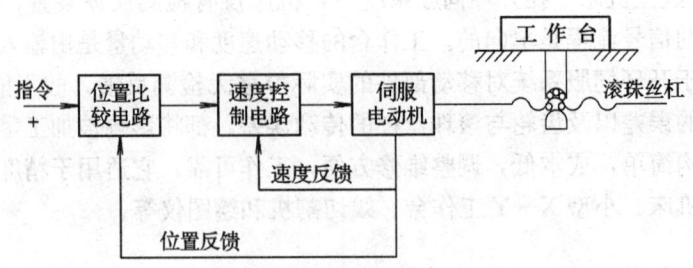

图 3—8 半闭环伺服系统

作。近来研制出的数控车削中心和数控车铣中心，在一次装夹中可完成更多的加工工序，提高了加工质量和生产效率，因此，特别适宜复杂形状的回转类零件的加工。

图 3—9 所示是一台数控车床的外观图，机床本体包括主轴、溜板、刀架等。数控系统包括显示器、控制面板、强电控制系统。

2. 数控铣床　数控铣床可以三坐标联动，用于各类复杂的零件、曲面和壳体类零件的加工，它可分为数控立式铣床、数控卧式铣床、数控仿形铣床等。随着数控机床的发展，数控铣床趋于发展为数控加工中心等。数控铣床如图 3—10 所示。

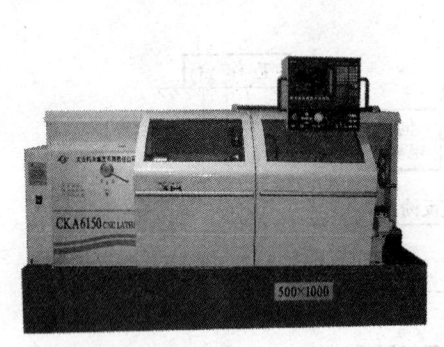

图 3—9　数控车床

图 3—10　数控铣床

3. 加工中心　加工中心具有自动刀具交换装置，主要用于箱体类零件和复杂曲面零件的加工，能进行铣、镗、钻、扩、铰、攻螺纹等加工。加工中心又分为立式加工中心和卧式加工中心，如图 3—11 所示。

4. 数控钻床　数控钻床可分为数控立式钻床和数控卧式钻床。数控钻床主要是完成钻孔、攻螺纹功能，同时也可以完成简单的铣削功能，如图 3—12 所示。

5. 数控磨床　数控磨床主要用于高硬度、高精度加工表面，可分为数控平面磨床（如图 3—13 所示）、数控外圆磨床、数控轮廓磨床等。随着自动砂轮补偿技术、自动砂轮修整技术和磨削固定循环技术的发展，数控磨床的功能越来越强。

6. 数控电火花成型机床　数控电火花成型机床是一种特种加工机床，如图 3—14 所示。它是利用两个不同极性的电极在绝缘液体中产生放电现象，去除材料而进行加工的，对于形状复杂的模具、难加工材料具有特殊的优势。

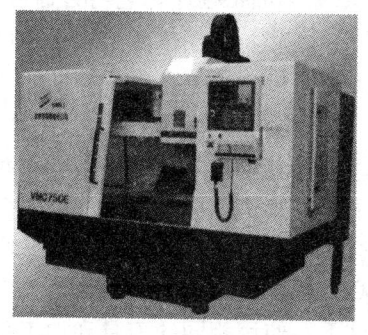 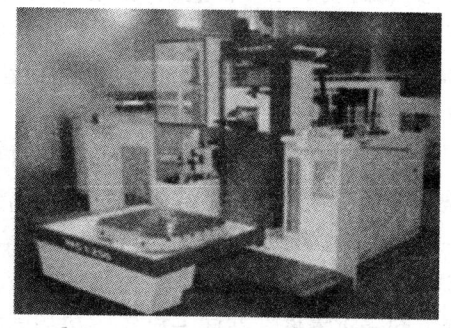

a)　　　　　　　　　　　　　　　　b)

图 3—11　加工中心
a）立式加工中心　b）卧式加工中心

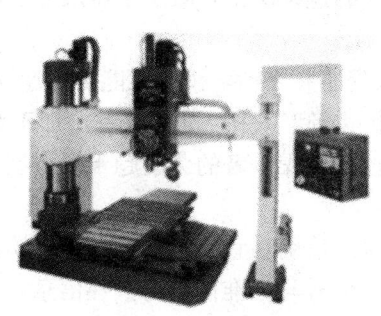 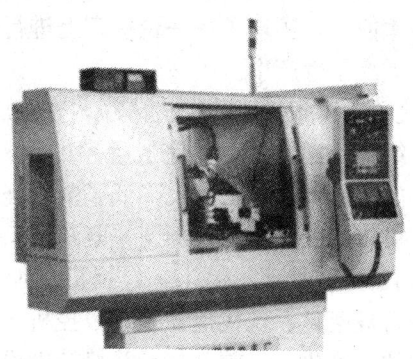

图 3—12　数控钻床　　　　　图 3—13　数控磨床

7. 数控线切割机床　数控线切割机床如图 3—15 所示，它的工作原理与数控电火花成型机床一样。其电极是电极丝，加工液一般采用去离子水。

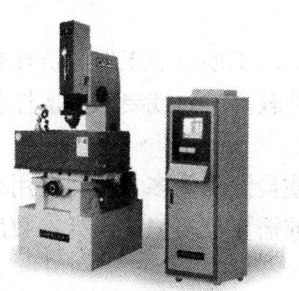 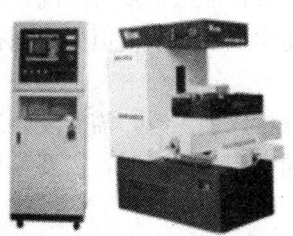

图 3—14　数控电火花成型机床　　　图 3—15　数控线切割机床

§3—3　数控机床的特点及应用

一、数控机床的特点

数控机床与传统的机床相比，具有以下特点：

1. 具有高度柔性 在数控机床上加工零件，主要取决于加工程序。它与普通机床不同，不必制造、更换许多工具、夹具，不需要经常调整机床。因此，数控机床适用于零件频繁更换的场合，也就是适合单件、小批量生产及新产品的开发，可缩短生产准备周期，节省大量工艺装备的费用。

2. 加工精度高，质量稳定、可靠 数控机床加工精度一般可达$0.005\sim0.05$ mm，数控机床是由数字信号控制的，数控装置每输出一个脉冲信号，则机床移动部件移动一个脉冲当量（一般为0.001 mm/脉冲），而且机床进给传动链的反向间隙与滚珠丝杠螺距平均误差可由数控装置进行补偿。因此，数控机床定位精度比较高。

加工同一批零件，在同一机床，在相同的加工条件下，使用相同的刀具和加工程序，刀具的走刀轨迹完全相同，零件的一致性好，质量稳定。

3. 加工生产效率高 数控机床可有效地减少零件的加工时间。数控机床的主轴转速和进给量范围大，允许机床进行大切削量的强力切削，极大地提高了生产率。另外，配合加工中心的刀库使用，实现了在一台机床上进行多道工序的连续加工，减少了半成品工序间的周转时间，提高了生产率。

4. 改善劳动条件 数控机床经调整以后，输入程序并启动，机床就能自动连续地加工，直至加工结束。操作者主要完成程序的输入、编辑，装卸零件，刀具准备，加工状态的观测，零件的检验等工作，大大降低了劳动强度，数控机床操作者的劳动趋于智力型工作。另外，数控机床一般是封闭式加工，既清洁又安全。

5. 利于生产管理现代化 数控机床加工，可预先精确估计加工时间。所使用的刀具、夹具可进行规范化、现代化管理。数控机床使用数字信号与标准代码为数控信息，易于实现加工信息的标准化，目前已与计算机辅助设计与制造（CAD/CAM）有机地结合起来，是现代集成制造技术的基础。

二、数控加工的应用

1. 数控加工的适用范围

（1）形状复杂，加工精度要求高，普通机床无法加工或可加工但经济性差的零件。

（2）加工轮廓虽不复杂，但要求同批产品一致性较高的，或要求一次性装夹后完成多工序加工的零件。

（3）用普通机床加工时，需要复杂工装保证的或检测部位多、检测费用高的零件。

（4）在普通机床上加工时，需要作反复调整，或需要反复修改设计参数后才能定型的零件。

（5）用普通机床加工时，加工结果极易受到人为因素（如心理、生理及技能等）影响的大型或贵重的零件。

（6）用普通机床加工生产效率很低或劳动强度很大时。

2. 不适用数控加工的范围

（1）加工轮廓简单，精度要求低或生产批量又特别大的零件。

（2）装夹困难或必须靠人工找正定位才能保证加工精度的单件零件。

（3）加工余量特别大或材质及余量都不均匀的坯件。

（4）加工中，刀具的质量（主要是耐用度）特别差时。

复 习 题

1. 简述数控机床的工作原理。
2. 数控机床由哪几部分组成?
3. 数控程序有哪些输入方式?
4. 数控机床对伺服系统有何要求?
5. 数控机床如何分类?
6. 简述开环、闭环、半闭环伺服系统的区别。
7. 加工中心与普通数控机床的区别是什么?
8. 与普通机床相比,数控机床有哪些特点?
9. 简述数控机床的适用范围。

第四章 数控加工的程序

§4—1 机床坐标系和工作坐标系

一、数控机床的坐标系

1. 坐标轴和运动方向命名的原则

（1）假定刀具相对于静止的工件而运动。当工件移动时，则在坐标轴符号上加"′"表示。

（2）标准坐标系是一个右手直角笛卡尔坐标系。

（3）刀具远离工件的运动方向为坐标轴的正方向。

（4）机床主轴旋转运动的正方向是按照右旋螺纹进入工件的方向。

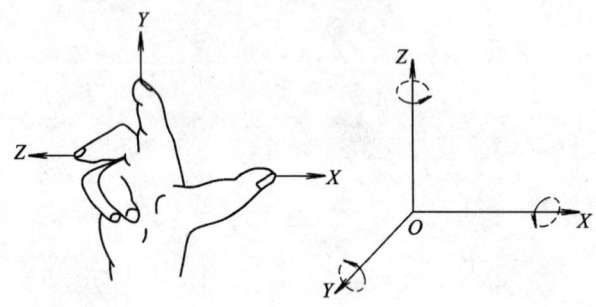

图 4—1 右手直角笛卡尔坐标系

2. 坐标轴的规定

（1）Z 坐标轴。

1) 在机床坐标系中，规定传递切削动力的主轴为 Z 坐标轴。

2) 对于没有主轴的机床（如数控龙门刨床），则规定 Z 坐标轴垂直于工件装夹面方向。

3) 如机床上有几个主轴，则选一垂直于工件装夹面的主轴作为主要的主轴。

（2）X 坐标轴。

1) X 坐标轴是水平的，它平行于工件装夹平面。

2) 对于工件旋转的机床，X 坐标的方向在工件的径向上，并且平行于横滑座。

3) 对于刀具旋转的机床，如 Z 坐标是水平（卧式）的，当从主要刀具的主轴向工件看时，向右的方向为 X 的正方向；如 Z 坐标是垂直（立式）的，当从主要刀具的主轴向立柱看时，X 的正方向指向右边。

4) 对刀具或工件均不旋转的机床（如刨床），X 坐标平行于主要进给方向，并以该方向为正方向。

(3) Y 坐标轴。Y 坐标轴根据 Z 和 X 坐标轴，按照右手直角笛卡尔坐标系确定。

(4) 如在 X、Y、Z 主要直线运动之外另有第二组、第三组平行于它们的运动，可分别将它们的坐标定为 U、V、W 和 P、Q、R。

(5) 旋转坐标轴 A、B、C。A、B、C 分别表示其轴线平行于 X、Y、Z 的旋转坐标轴。

3. 机床坐标系的确定方法

(1) 坐标轴的确定方法。一般先确定 Z 坐标轴，因为它是传递主切削动力的主要轴或方向，再按规定确定 X 坐标轴，最后用右手法则确定 Y 坐标轴。

如图 4—2、图 4—3、图 4—4、图 4—5 所示为几种机床坐标系。

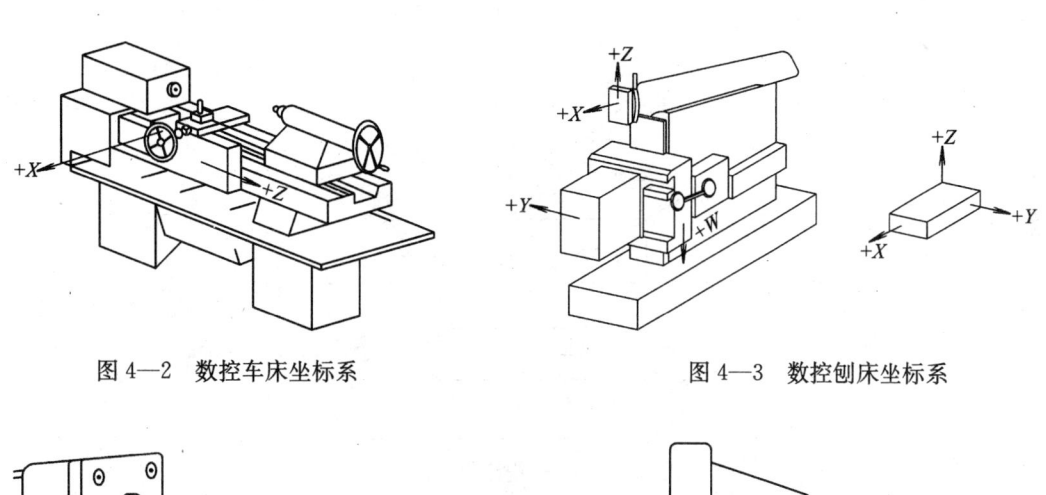

图 4—2　数控车床坐标系　　　　　　　图 4—3　数控刨床坐标系

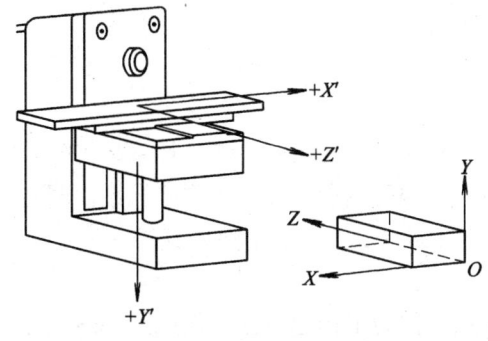

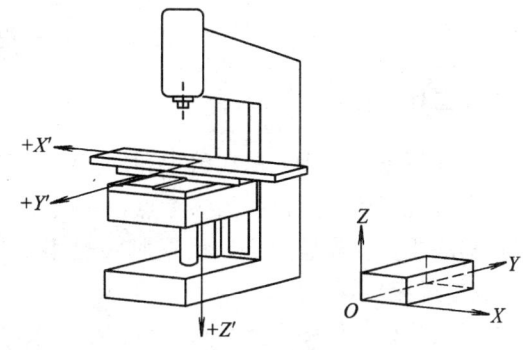

图 4—4　卧式数控铣床坐标系　　　　　图 4—5　立式数控铣床坐标系

(2) 机床原点（机械原点）。机床原点是机床坐标系的原点，是机床制造商设置在机床上的一个物理位置。其作用是使机床与控制系统同步，建立测量机床运动坐标的起始点。机床原点一般设置在机床移动部件沿其坐标轴正向的极限位置，如图 4—6、图 4—7 所示。

(3) 机床参考点。与机床原点相对应的还有一个机床参考点，它是机床制造商在机床上用行程开关设置的一个物理位置，与机床的相对位置是固定的。机床参考点一般不同于机床原点。一般来说，加工中心的机床参考点为机床的自动换刀位置。

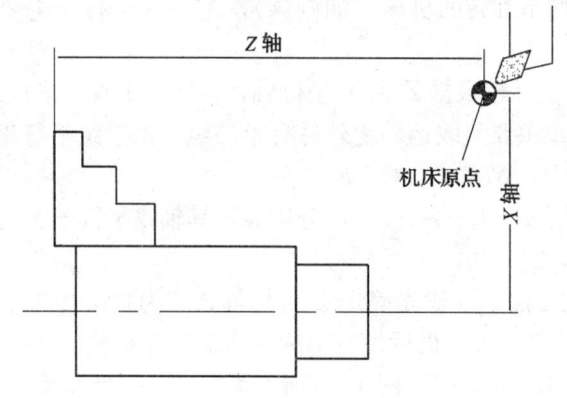

图 4—6 车床机床原点

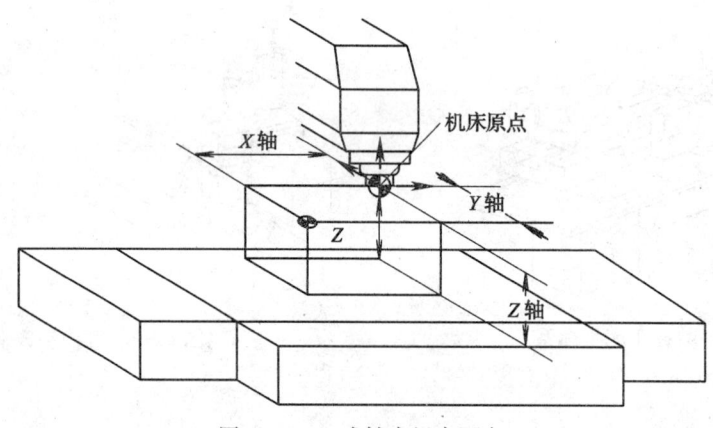

图 4—7 立式铣床机床原点

二、工作坐标系

工作坐标系是编程人员在编程和加工时使用的坐标系，是程序的参考坐标系，工作坐标系的原点设置以机床坐标系为参考点，一般在一个机床中可以设定 6 个工作坐标系，同时还可以在程序中多次设置原点。设置时一般用 G92 或 G54～G59（用于数控镗铣床）和 G50（用于数控车床）等指令。

编程人员以工件图样上某点为工作坐标系的原点，称为工作原点。工作原点一般设在工件的设计工艺基准处，以便于尺寸计算。

编程时的刀具轨迹坐标点是按工件轮廓在工作坐标系中的坐标确定的。

在加工时，工件随夹具安装在机床上，这时测量工作原点与机床原点间的距离，此距离称做工作原点偏置。该偏置预存到数控系统中，在加工时，工作原点偏置能自动加到工作坐标系上，使数控系统可按机床坐标系确定加工时的绝对坐标值。

§4—2 编程的一般步骤

所谓编程，就是把零件的工艺过程、工艺参数及其他辅助动作，按动作顺序，按数控机床规定的指令、格式编成加工程序，将其记录于控制介质即程序载体（如纸带、磁带、磁盘),再输入控制装置,从而操纵机床进行加工。以下为手工编程的一般步骤。

一、确定工艺过程及工艺路线

确定工艺过程及工艺路线既要按一般工艺原则确定工艺方法,划分加工阶段,选择机床、刀具、切削用量及定位夹紧方法;又要根据数控机床加工特点,做到工序集中、换刀次数少、空行程路线短等。

二、计算刀具轨迹的坐标值

根据零件的形状、尺寸,确定走刀路线,计算零件轮廓线上各几何要素的起点、终点、圆弧的圆心坐标。若数控机床无刀具补偿功能,则应计算刀心轨迹。当用直线、圆弧来逼近非圆曲线时,应计算曲线上各节点的坐标值。

三、编写加工程序

手工编程适合零件形状较简单、加工工序较短、坐标计算较简单的场合;对于形状复杂(如空间自由曲线、曲面)、工序很长、计算繁琐的零件可采用计算机辅助编程。

四、程序输入数控系统

可通过键盘直接将程序输入数控系统,也可采用计算机传输程序。

五、程序检验

对有图形显示功能的数控机床,可进行图形模拟加工,检查刀具轨迹是否正确。对无此功能的数控机床可进行空运行检验。

以上工作只能检验刀具运动轨迹的正确性,却检验不出对刀误差和某些计算误差引起的加工误差及加工精度误差。因此,还要进行首件试切削。可用铝、塑料、石蜡等易切削材料进行试切削。试切削后若发现工件不符合要求,可修改程序或进行刀具补偿。

手工编程的一般过程如图 4—8 所示。

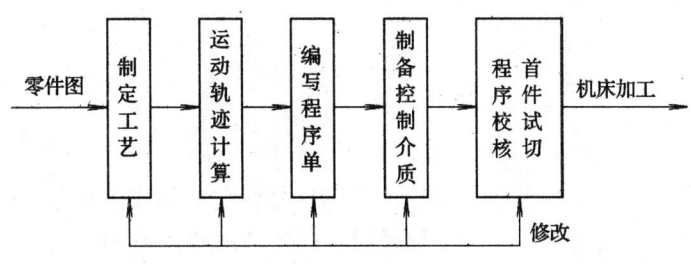

图 4—8 手工编程的一般过程

§4—3 程序编制的基本概念

一、程序代码

国际标准化组织（ISO）在数控技术方面制定了一系列相应的国际标准，许多国家根据实际情况制定了各自的国家标准，这些标准是数控加工编程的基本原则。在数控加工中常用的标准有：数控纸带的规格；数控加工机床坐标轴和运动方向；数控编程的编码字符；数控编程的程序段格式；数控编程的功能代码。

国际上通用的 EIA（美国电子工业协会）和 ISO（国际标准化组织）两种代码，代码中有数字码（0~9）、文字码（A~Z）和符号码。20 世纪六七十年代国内外广泛采用八单位标准穿孔带作为数控系统的控制介质，80 年代以后已较少采用纸带输入，而广泛采用计算机传输数据的方法。

二、程序结构

1. 程序号　每一种工件在编程时，必须先指定一个程序号，并编在整个程序的开始。在 FANUC 系统中程序编号的结构如下：

O_____：

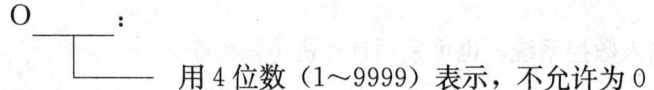
用 4 位数（1~9999）表示，不允许为 0

程序编号可用下列方式：

O3；
O03；
O103；
O1003；
O1234；

例 4—1　编程格式。
O100；（NAME）程序编号

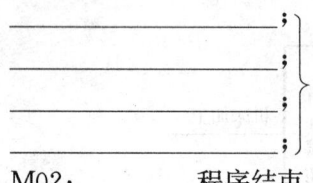

M02；　　　程序结束

在程序后面可注释程序的名字和年月日并用括号括起。程序名可用 16 位字符表示，要求有利于理解。程序号要单独使用一个程序段。程序结构如例 4—1。

程序在存储器中的位置决定了该程序的一些权限，根据程序的重要程度和使用频率用户可选择合适的程序号，具体见表 4—1。

2. 一个"字"　某个程序中安排字符的集合，称为"字"。程序段由各种"字"组成，指令字代表某一信息单元；每个指令字由地址符和数字组成，它代表机床的一个位置或动

表 4—1　　　　　　　　　　　程序编号使用规则

O1~O7999	程序能自由存储、删除和编辑
O8000~O8999	不经设定，该程序就不能进行存储、删除和编辑
O9000~O9019	用于特殊调用的宏程序
O9020~O9899	如果不设定参数就不能进行存储、删除和编辑
O9900~O9999	用于机器人操作程序

作，如图 4—9 所示。

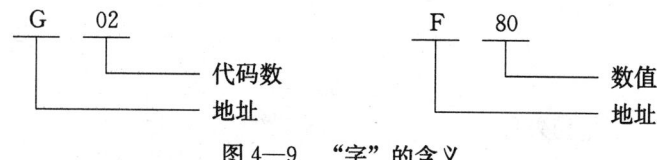

图 4—9　"字"的含义

3. 程序段　程序段由程序段号及各种"字"组成。程序段格式是指令字在程序段中排列的顺序，不同的数控系统有不同的程序段格式。一个程序段中各"字"也可不按顺序（但为了编程方便常按一定顺序）排列，这种格式虽然增加了地址读入电路，但是编程直观灵活，便于检查。常见程序格式见表 4—2。

表 4—2　　　　　　　　　　　常见程序格式

1	2	3	4	5	6	7	8	9	10	11
N___	G___	X___ U___ P___	Y___ V___ Q___	Z___ W___ R___	I___ J___ K___ R___	F___	S___	T___	M___	L_F
顺序号	准备功能	坐标字				进给功能	主轴功能	刀具功能	辅助功能	结束符号

（1）准备功能（G 功能）。由准备功能地址符"G"和两位数字组成，是使机床做好某种操作准备的指令。G 功能代码已标准化。

（2）坐标字。由坐标地址代码的字母（如 X、Y 等）开头。各坐标轴的地址符按下列顺序排列：X、Y、Z、U、V、W、P、Q、R、A、B、C、D、F，其中，数字的格式含义如下：

1）如果机床设置的加工单位以脉冲为单位，则：

X50.
X50.0　都可以表示沿 X 轴移动 50 mm。
X50000

2）如果机床设置的加工单位以 mm 为单位，则：

X50　　同样作用。
X50.

例 4—2

O123；（程序号）

N11 _____；（设定刀具出发点）

_____；

…

N12 _____；（粗切外径）

…　　　（略）

N901 _____；⎫
…　　　　　　 ⎬ 反复利用的程序段（略）
N902 _____；⎭

N13 _____；（加工槽）

_____；

N14 _____；（精切外径）

P901　Q902；
　　└──── 调出 N901～N902 程序段并执行

N15 _____；

_____；

M30；

（3）程序段序号及加工顺序。

1）进给功能 F。由进给地址符 F 及数字组成，数字表示所选定的进给速度，单位一般为 mm/min 或 mm/r。

2）主轴转速功能 S。由主轴地址符 S 及数字组成，数字表示主轴转速，单位为 r/min。

3）刀具功能 T。由地址符 T 和数字组成，用以指定刀具的号码。

4）辅助功能（M 功能）。由辅助操作地址符 M 和两位数字组成。M 功能的代码已标准化。

5）程序段结束符号。列在程序段最后一个有用的字符之后，表示程序段的结束。采用 ISO 标准时为 L_F，有的用；或 * 表示。

三、编程规则

1. 自保持功能　为了使编程和输入尽可能简单，大多数 G 代码和 M 代码都具有自保持功能（即模态码、续效码），除非是被取代或取消，否则总是有效的。另外，X、Y、Z、F、S 的内容不变，下一程序段会自动接受该内容，因此也可不编写和不输入。

例 4—3

N40 G00 X30.0 Z5.0 S700 T0101；

N50 G00 X0 Z5.0 S700 T0101；

N60 G01 X0 Z0 F0.2 S700 T0101；

N70 G01 X25.0 Z0 F0.2 S700 T0101；

以上程序可简写为：

N40 G00 X30.0 Z5.0 S700 T0101；

N50 X0；

N60 G01 Z0 F0.2；

N70 X25.0；

这样，程序编写和输入就方便多了。

2. 指令的取消和替代　G 代码和 M 代码可分成不同的组（详见 FANUC 系统指令代码），同组中的代码，后编入的代码有效。

例 4—4

N40 G00 X30.0 Z5.0；

N50 G01 Z—25.0 F0.2；

在例 4—4 中，N50 中 G01 取消 N40 中的 G00。

数控操作系统中有一些特殊的 G 指令和 M 指令，可直接取消其他规定的几个指令。如：G40 取消 G41、G42；G49 取消 G43、G44。M30 程序结束，并执行 M05（主轴停）、M09（切削液停）。

3. 初始状态　各类数控机床有其通电后的初始状态，常见的如绝对值编程、米制单位、取消刀补、切削液停、主轴停等。

四、准备程序段和结束程序段

每个程序的格式不可能完全相同，但是一个完整的程序必须具备准备程序段和结束程序段。

1. 准备程序段　一般必须具备以下几个指令：

(1) 程序号（O0001～O7999）。

(2) 编程零点的确定，也就是零点偏置尺寸（如 G92 X50.0 Y50.0 Z50.0；）。

(3) 刀具数据（如 T0202）。

(4) 主轴转速（如 S500）。

(5) 主轴旋转方向（M03、M04）。

(6) 刀具快速定位的位置尺寸（如 G00 X ____ Y ____ Z ____；）。

2. 结束程序段　一般具备以下几个指令：

(1) 刀具快速退回远离工件（如返回参考点）。

(2) 主轴停转（M05）。

(3) 取消刀具数据补偿（T0000）。

(4) 程序结束并返回至程序开始（M30）。

§4—4　常用指令的含义

在数控加工过程中，用各种 G、M 指令来描述工艺过程的各种操作和运动特征。国际上广泛使用 ISO 标准 G、M 指令，我国机械工业部制定的 JB 3208—83，与国际标准等效。

G、M 指令分别由地址字 G、M 及两位数字组成，共有 100 种 G 指令和 100 种 M 指令：G00～G99、M00～M99。现数控系统指令已达三位数（如 G154）。

以下以 FANUC 系统的常用指令为例作一介绍。

一、G 准备功能

1. **绝对坐标指令和增量坐标指令（G90、G91）** 表示运动轴的移动方式。G90 表示程序语句中的坐标为绝对坐标值，即从编程零点开始的坐标值。G91 表示程序中的坐标为增量坐标值，即指刀具从当前位置到下一个位置之间的增量值。如图 4—10 所示，表示刀具从 A 点到 B 点的移动，用以上两种指令编程如下：

G90 X10.0 Y30.0；

G91 X—30.0 Y20.0；

图 4—10

2. **工作坐标系设定指令（铣 G92、车 G50）** 在使用绝对坐标指令编程时，该指令通过设置刀具起点相对于工作坐标系的坐标值来设定工作坐标系，该坐标系在机床重新开机时消失，如图 4—11、图 4—12 所示。刀具起点是加工开始时的刀位点（对车刀、镗刀指刀尖，对铣刀指刀具底面与轴线的交点，对球头铣刀指球头铣刀的球心）所处的位置，即刀具相对于工件运动的起始点。在用此方法设定工作坐标系之前，应使刀具位于工件加工程序要求的刀具起点的机床坐标位置。

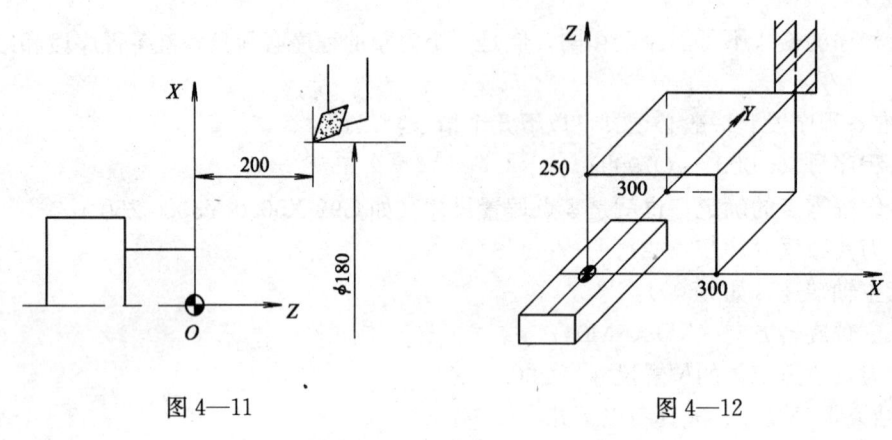

图 4—11　　　　　　　　图 4—12

格式：G50 X____ Z____；格式：G92 X____ Y____ Z____；

例 4—5 按图 4—11 所示用 G50 编程。

G50 X180.0 Z200.0；

例 4—6 按图 4—12 所示用 G92 编程。

G92 X300.0 Y300.0 Z250.0；

3. **工作坐标系的原点设置选择指令（G54～G59）** 一般数控机床可以预先设定 6 个（G54～G59）工作坐标系，这些坐标系在机床重新开机时仍然存在。6 个工作坐标系皆以机床原点为参考点，分别测出工作原点相对于机床原点的坐标值即原点偏置值，并输入到 G54～G59 对应的存储单元中。在执行程序时，遇到 G54～G59 指令后，便将对应的原点偏置值取出来参加计算，从而得到刀具在机床坐标系中的坐标值，控制刀具运动。

例 4—7 现测得如图 4—13 所示的原点偏置值。

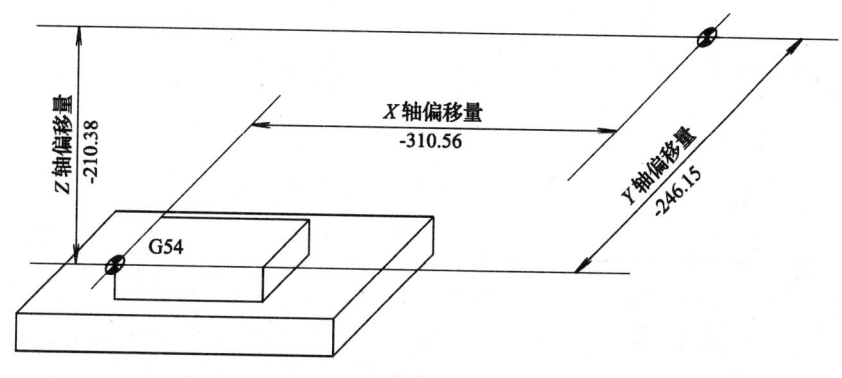

图 4—13

则 G54 偏置寄存器中坐标值输入为：

           X   Y   Z

G54   −310.56   −246.15   −210.38

此时，工作原点在机床坐标值 X−310.56，Y−246.15，Z−210.38 处。若程序编为 G90 G54 G00 X0 Y0 Z10.0；则刀具自动位于工作原点上方 10.0 mm 处（仅与工作原点有关），此时机床坐标自动计算为 X−310.56　Y−246.15　Z−200.38。

注：SIEMENS 系统进行工作坐标系设定即工作零点、原点偏置时，G54～G57 为可设定的零点偏置，G58、G59 为可编程的零点偏置。零点偏置的总和＝（G54～G57）＋外部零点偏置（来自 PLC）＋（G58、G59）。

4. 平面选择指令（G17、G18、G19）　在三坐标加工时，如进行圆弧插补，需要规定加工所在的平面，用 G 代码可进行平面选择，如图 4—14 所示。

G17　XY 平面

G18　ZX 平面

G19　YZ 平面

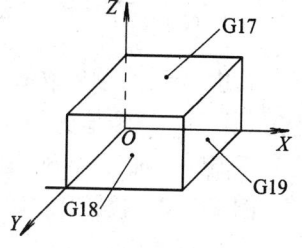

图 4—14

5. 快速点定位指令（G00）　G00 命令指刀具从当前位置快速移动到目标点。G00 快速移动速度由系统预先设定，其运动速度因具体的控制系统不同而异。

格式：G00 X____ Y____ Z____；

例 4—8　按图 4—15 所示（O—A）用 G00 编程。

G90 G00 X40.0 Y30.0；

6. 直线插补指令（G01）　G01 命令指刀具以进给速度沿直线移动到规定的位置。

格式：G01 X____ Y____ Z____ F____；

其中，G01、F 均为模态指令。

例 4—9　如图 4—16 所示（O—A）用 G01 编程。

G01　X40.0　Y30.0　F50；

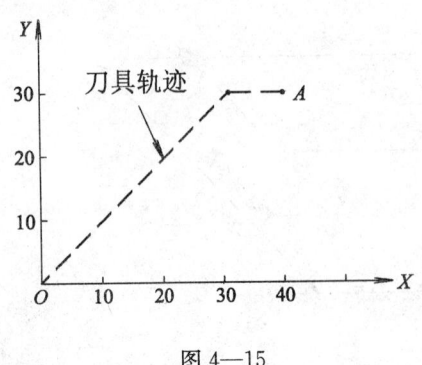

图 4—15

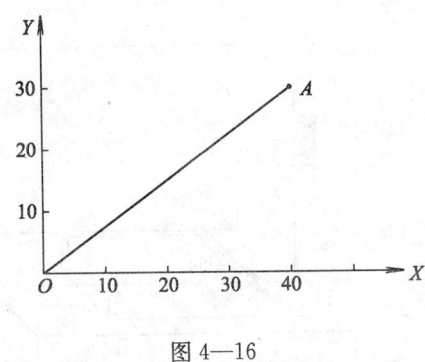

图 4—16

7. 圆弧插补指令（G02、G03）　G02 为顺时针加工，G03 为逆时针加工。刀具进行圆弧插补时，必须规定所在的平面；旋转方向规定为沿圆弧所在平面（如 XY 平面）的另一坐标轴的负方向（−Z）看去，顺时针方向为 G02，逆时针方向为 G03，如图 4—17 所示。

格式：

$$G17\begin{Bmatrix}G02\\G03\end{Bmatrix}\ X\_\ Y\_\ \begin{Bmatrix}R\_\\I\_\ J\_\end{Bmatrix}\ F\_;$$

$$G18\begin{Bmatrix}G02\\G03\end{Bmatrix}\ X\_\ Z\_\ \begin{Bmatrix}R\_\\I\_\ K\_\end{Bmatrix}\ F\_;$$

$$G19\begin{Bmatrix}G02\\G03\end{Bmatrix}\ Y\_\ Z\_\ \begin{Bmatrix}R\_\\J\_\ K\_\end{Bmatrix}\ F\_;$$

其中，X、Y、Z 取值为圆弧终点坐标，可以用绝对值，也可以用增量值，由 G90、G91 指定。I、J、K 取值分别为圆弧的起点到圆心的 X、Y、Z 轴方向的增量。R 取值为半径值，R 为正值时，加工≤180°圆弧；R 为负值时，加工＞180°圆弧。

例 4—10　按图 4—18 所示用 G02、G03 编程。

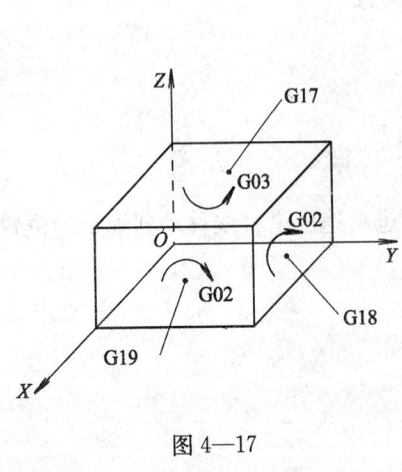

图 4—17

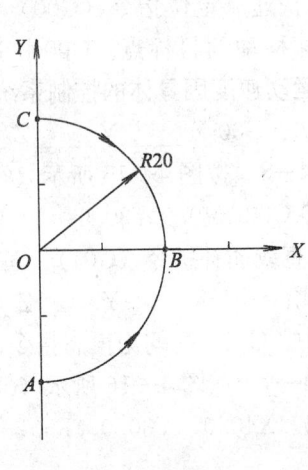

图 4—18

A→B（逆圆插补） G03 X20.0 Y0 I0 J20.0；
C→B（顺圆插补） G02 X20.0 Y0 I0 J－20.0；

8. 刀具的补偿与偏置指令

（1）刀具半径补偿指令（G40、G41、G42）。G40为刀具补偿取消指令，G41为刀具半径左补偿指令，G42为刀具半径右补偿指令。

（2）刀具长度偏置指令（G43、G44、G49）。G43为正向偏置指令，G44为负向偏置指令，G49为取消偏置指令。

9. G指令的有关规定和含义 FANUC系统数控车床G指令见表4—3。FANUC数控铣床和加工中心G指令见表4—4。

表4—3　　　　　　　　　FANUC系统数控车床G指令

代码	分组	意义	格式
G00	01	快速进给、定位	G00 X____ Z____
G01		直线插补	G01 X____ Z____ F____
G02		圆弧插补CW（顺时针）	$\begin{Bmatrix}G02\\G03\end{Bmatrix}$ X____ Z____ $\begin{Bmatrix}R\_\_\_\_\\I\_\_\_\_ K\_\_\_\_\end{Bmatrix}$ F____
G03		圆弧插补CCW（逆时针）	
G32		车削等螺距螺纹（由参数指定绝对值和增量值）	G32 X/U____ Z/W____ F/E____；F指定单位为0.01 mm/r的螺距。E指定单位为0.0001 mm/r的螺距
G04	00	暂停	G04 [X/U/P]；X、U单位：s；P单位：ms（整数）
G20	06	英制输入	G20
G21		米制输入	G21
G28	0	回归参考点	G28 X____ Z____
G29		由参考点回归	G29 X____ Z____
G40	07	刀具补偿取消	G40
G41		左半径补偿	$\begin{Bmatrix}G41\\G42\end{Bmatrix}$ Dnn
G42		右半径补偿	
G50	00	设定工作坐标系 偏移工作坐标系	设定工作坐标系：G50 X____ Z____ 偏移工作坐标系：G50 U____ W____
G54	12	选择工作坐标系1	G××
G55		选择工作坐标系2	
G56		选择工作坐标系3	
G57		选择工作坐标系4	
G58		选择工作坐标系5	
G59		选择工作坐标系6	

续表

代码	分组	意义	格式
G70	00	精加工循环	G70 P (ns) Q (nf)
G71	00	外圆、内孔粗车循环	格式一（标准）： G71 U (Δd) R (e) G71 P (ns) Q (nf) U (Δu) W (Δw) F (f) 格式二： G71 P (ns) Q (nf) U (Δu) W (Δw) D (Δd) F (f)
G72	00	端面粗车循环	格式一（标准）： G72 W (Δd) R (e) G72 P (ns) Q (nf) U (Δu) W (Δw) F (f) 格式二： G72 P (ns) Q (nf) U (Δu) W (Δw) D (Δd) F (f)
G73	00	封闭切削循环	格式一（标准）： G73 U (i) W (Δk) R (d) G73 P (ns) Q (nf) U (Δu) W (Δw) F (f) 格式二： G73 P (ns) Q (nf) I (Δi) K (Δk) U (Δu) W (Δw) D (d) F (f)
G90	01	直线车削循环加工	G90 X (U) ___ Z (W) ___ F ___ G90 X (U) ___ Z (W) ___ R ___ F ___
G92	01	螺纹车削循环	G92 X (U) ___ Z (W) ___ F ___ G92 X (U) ___ Z (W) ___ R ___ F ___
G94	01	端面车削循环	G94 X (U) ___ Z (W) ___ F ___ G94 X (U) ___ Z (W) ___ R ___ F ___
G98	5	每分钟进给速度	G98 F ___
G99	5	每转进给速度	G99 F ___

表 4—4　　　　FANUC 数控铣床和加工中心 G 指令

代码	分组	意义	格式
G00	01	快速进给、定位	G00 X___ Y___ Z___
G01	01	直线插补	G01 X___ Y___ Z___ F___
G02	01	圆弧插补 CW（顺时针）	如：G17 $\begin{Bmatrix}G02\\G03\end{Bmatrix}$ X___ Y___ $\begin{Bmatrix}R\_\_\_\\I\_\_\_ \ J\_\_\_\end{Bmatrix}$
G03	01	圆弧插补 CCW（逆时针）	

续表

代码	分组	意义	格式
G04	00	暂停	G04 [P/X]
G17	02	选择 XY 平面	G17
G18		选择 ZX 平面	G18
G19		选择 YZ 平面	G19
G20	06	英制输入	G20
G21		米制输入	G21
G28		回归参考点	G28 X___ Y___ Z___
G29		由参考点回归	G29 X___ Y___ Z___
G40	07	刀具半径补偿取消	G40
G41		左半径补偿	$\begin{Bmatrix}G41\\G42\end{Bmatrix}$ Dnn
G42		右半径补偿	
G43	08	刀具长度补偿＋	$\begin{Bmatrix}G43\\G44\end{Bmatrix}$ Hnn
G44		刀具长度补偿－	
G49		刀具长度补偿取消	G49
G54	12	选择工作坐标系 1	G××
G55		选择工作坐标系 2	
G56		选择工作坐标系 3	
G57		选择工作坐标系 4	
G58		选择工作坐标系 5	
G59		选择工作坐标系 6	
G73	09	深孔钻削固定循环	G73 X___ Y___ Z___ R___ Q___ F___
G74		左螺纹攻螺纹固定循环	G74 X___ Y___ Z___ R___ P___ F___
G76		精镗固定循环	G76 X__ Y__ Z__ R__ Q__ F__
G80		固定循环取消	G80
G81		钻削固定循环、钻中心	G81 X__ Y__ Z__ R__ F__
G82		钻削固定循环、锪孔	G82 X__ Y__ Z__ R__ P__ F__
G83	09	深孔钻削固定循环	G83 X__ Y__ Z__ R__ Q__ F__
G84		攻螺纹固定循环	G84 X__ Y__ Z__ R__ F__
G85		镗削固定循环	G85 X__ Y__ Z__ R__ F__
G86		退刀型镗削固定循环	G86 X__ Y__ Z__ R__ P__ F__
G88		镗削固定循环	G88 X__ Y__ Z__ R__ P__ F__
G89		镗削固定循环	G89 X__ Y__ Z__ R__ P__ F__
G90	3	绝对方式指定	G××
G91		相对方式指定	
G92	00	工作坐标系的变更	G92 X___ Y___ Z___
G98	10	返回固定循环初始点	G××
G99		返回固定循环 R 点	

二、常用辅助功能 M 指令

M 指令主要用于机床加工操作时的工艺性指令。常用的 M 指令有：

1. M00（程序停止）　执行 M00 指令，主轴停、进给停、切削液关闭、程序停止。当重新启动（cycle start）后，才能继续执行后续程序。

2. M01（选择停止）　功能与 M00 相似。不同的是 M01 只有在机床操作面板上的"选择停止/OPTIONAL STOP"开关处于"ON"状态时此功能才有效。此后须重新启动，才能执行后续程序。M01 常用于关键尺寸的检验和临时暂停。

3. M02（程序结束）　该指令编在最后一条程序句中，用以表示程序结束，数控系统处于复位状态，但该指令并不使程序返回起始位置。

4. M03、M04、M05　分别命令主轴正转、反转和停止。

5. M06（换刀指令）　常用于加工中心刀库的自动换刀。

6. M07、M08、M09　M07、M08 切削液开（雾状、液状），M09 切削液关。

7. M19（主轴定向停止）　使主轴停在预定位置上。

8. M30　程序结束并返回程序第一条语句，准备下一个零件的加工。

辅助功能 M 指令见表 4—5。

表 4—5　　　　　　　FANUC 系统支持的 M 代码

代码	意义	格　　式
M00	停止程序运行	M00
M01	选择性停止	M01
M02	结束程序运行	M02
M03	主轴正向转动开始	M03
M04	主轴反向转动开始	M04
M05	主轴停止转动	M05
M06	换刀指令	T＿＿ M06
M08	冷却液开启	M08
M09	冷却液关闭	M09
M30	结束程序运行且返回程序开始	M30
M98	子程序调用	M98　P××nnnn（数控车床）调用程序号为 Onnnn 的程序××次。M98　Pnnnn　L××（数控铣床和加工中心）调用程序号为 Onnnn 的程序××次
M99	子程序结束	子程序格式： Onnnn … … M99

复 习 题

1. 数控机床的坐标系及其方向是如何定义的?
2. 简述数控编程的步骤。
3. 简述机床原点、机床参考点与编程原点之间的关系。
4. 何为自保持功能?
5. 简述绝对坐标编程和增量坐标编程的区别。
6. M00、M01 指令有何区别?
7. 简述数控编程有哪些方法?

第五章 数控车床的编程

§5—1 数控车床常用指令

一、数控车床编程特点

1. 绝对值编程和增量值编程　采用绝对值编程时，用 X、Z 表示 X 轴与 Z 轴的坐标值；采用增量值编程时，用 U、W 表示 X 轴与 Z 轴的移动量。数控车床编程时，也可以用绝对值编程和增量值编程混合起来进行编程，此方法称为混合编程。例如：G01 X50.0 W—10.0。编程时常用绝对值编程。

2. 直径编程和半径编程　U 和 X 坐标值，数控车床编程时有直径编程和半径编程两种方法，采用哪种方法要由系统的参数决定。车床出厂时均设定为直径编程，所以编程时与 X 轴有关的各项一定要用直径编程。如果需用半径编程，则要改变系统中的几项参数，使系统处于半径编程状态。

3. 车削固定循环功能　数控车床具备各种不同形式的固定切削循环功能，如内（外）圆柱面、圆锥面固定切削循环；端面固定切削循环；切槽循环；螺纹固定切削循环及复合切削循环等，这些循环指令可简化编程。

4. 刀具位置补偿　数控车床具有刀具位置补偿功能，可以完成刀具磨损和刀尖圆弧半径补偿以及安装刀具时产生的误差补偿。

二、数控车床常用各种指令

1. 快速定位指令 G00　该指令命令刀具以点位控制方式，从刀具所在点快速移动到目标位置，无运动轨迹要求，不需特别规定进给速度。

格式：G00 X（U）__ Z(W)__；

例 5—1　如图 5—1 所示，用 G00 编程。
G00 X60.0 Z5.0 ；
或
G00 U—60.0 W—85.0；

注意：①移动速度为：X 轴 8 000 mm/min
　　　　Z 轴 12 000 mm/min（FANUC—0T 系统的速度）；
　　　②刀具轨迹不是标准的直线插补。各轴按同一速度进给，距离短的轴先到坐标点尺寸，如图 5—1 所示。因此使用 G00 指令时，一定要注意避免刀具和工件及夹具发生碰撞。

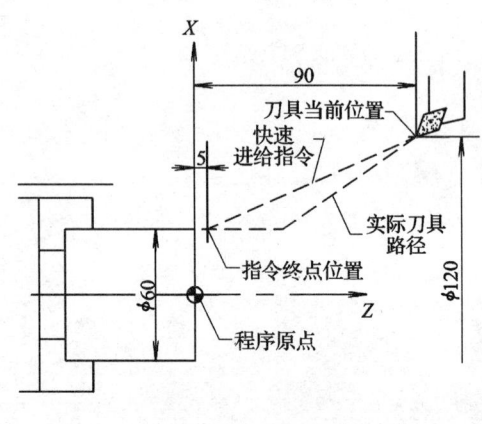

图 5—1　快速点定位 G00

2. 直线插补指令 G01　G01 指令命令刀具以一定的进给速度，从当前点直线移动到目标点。
格式：G01 X（U）_ Z(W)_ F_；

其中 F 为进给速度，单位为 mm/min 或 mm/r，一般车削时默认设置为 mm/r。

使用 G01 指令可以实现纵向切削、横向切削、锥度切削等形式的直线插补运动，如图 5—2 所示。

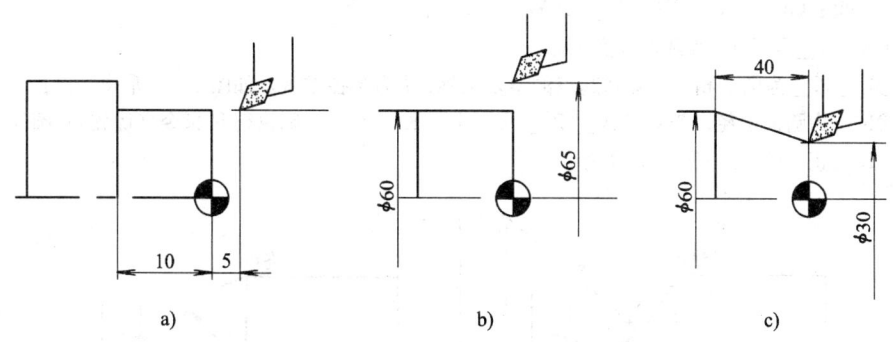

图 5—2　直线插补指令 G01

a) 纵向切削　b) 横向切削　c) 锥度切削

纵向切削（如图 5—2a 所示）G01 Z—10.0 F0.2；或 G01 W—15.0 F0.2；

横向切削（如图 5—2b 所示）G01 X0 F0.2；或 G01 U—65.0 F0.2；

锥度切削（如图 5—2c 所示）G01 X60.0 Z—40.0 F0.2；或 G01 U30.0 W—40.0 F0.2；

G01 指令在数控车床编程中，还可以直接用来进行倒角（C 指令）、倒圆（R 指令），如图 5—3、图 5—4 所示。

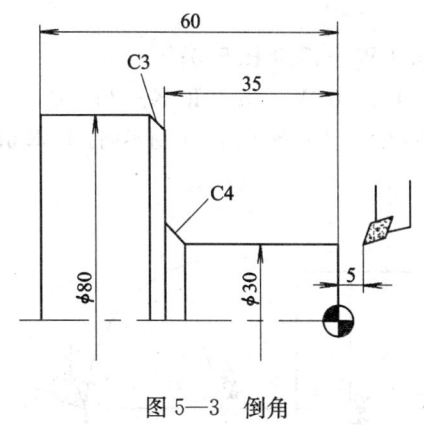

图 5—3　倒角　　　　　　　图 5—4　倒圆

例 5—2　为图 5—3 所示倒角编程。

G01 Z—35.0 C4.0 F0.2；
　　X80.0 C—3.0；
　　Z—60.0；

注：C4.0 倒角，因为 Z 轴切削向 X 轴正向倒角，所以为 C4.0；

　　C—3.0 倒角，因为 X 轴切削向 Z 轴负向倒角，所以为 C—3.0；

例 5—3　为图 5—4 所示倒圆编程。

```
G01 Z-35.0 R5.0 F0.2;
    X80.0 R-4.0;
    Z-60.0;
```

3. 圆弧插补指令 G02、G03　该指令使刀具从圆弧起点沿圆弧移动到圆弧终点。

指令格式：G02/G03 X(U)__ Z(W)__ R__ F__;

　　　或：G02/G03 X(U)__ Z(W)__ I__ K__ F__;

注：①X(U)__ Z(W)__为圆弧终点坐标。

②I__ K__为圆心相对于圆弧起点的增量坐标；I为半径增量，如图5—5所示。

③R__为圆弧半径。若G02 X__ Z__ R__ I__ K__ F__;则执行R指令（优先）。圆弧≤180°时，R为正；圆弧＞180°时，R为负。

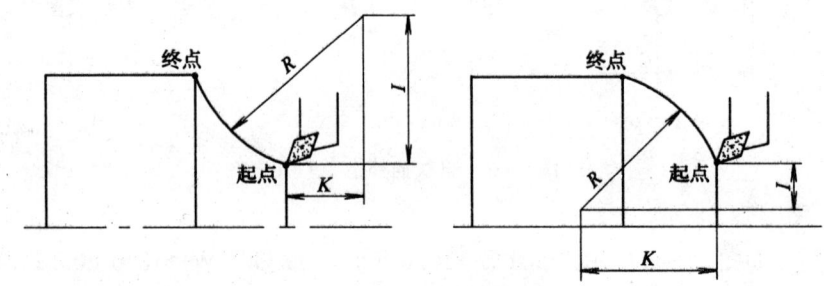

图 5—5　圆弧插补

例 5—4　为图5—6a所示圆弧插补编程。

(1) G02 X80.0 Z-10.0 R10.0；或 G02 U20.0 W-10.0 R10.0；

(2) G02 X80.0 Z-10.0 I10.0 K0；或 G02 U20.0 W-10.0 I10.0 K0；

例 5—5　为图5—6b所示圆弧插补编程。

(1) G03 X45.0 Z-35.9 R25.0；或 G03 U45.0 W-35.9 R25.0；

(2) G03 X45.0 Z-35.9 I0 K-25.0；或 G03 U45.0 W-35.9 I0 K-25.0；

注：建议初学者必须掌握 I、K 值的判定。R 值的正负规定，因系统不同而有所不同。I、K 值在各系统中均相同。

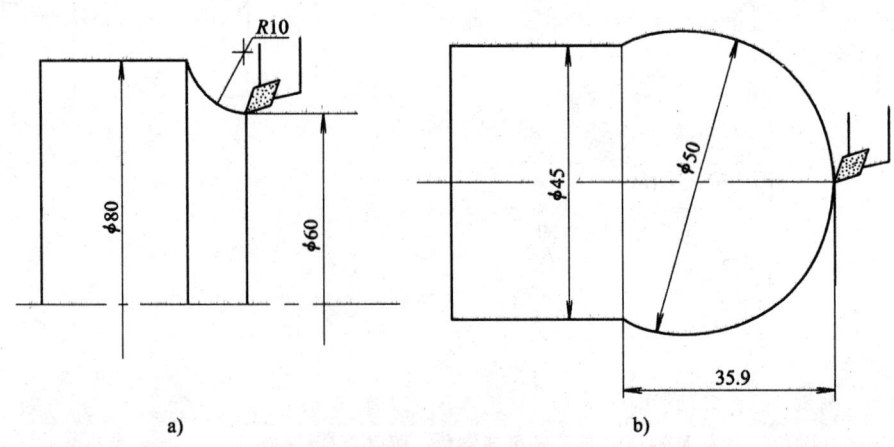

图 5—6　圆弧插补举例

4. 主轴转速设置 S 指令和转速控制指令 G96、G97、G50　数控车床加工时，由公式

$$v=\frac{\pi Dn}{1\,000}$$

式中　v——切削速度，m/min；

　　　D——工件直径，mm；

　　　n——主轴转速，r/min。

可知：n 不变时，$D↓$ 则 $v↓$，当切削至工件中心，$v=0$，则加工端面时，工件表面粗糙度变化大；v 不变时，$D↓$ 则 $n↑$。当 D 为零时，n 为无穷大，因此当 v 不变时（主轴线速度恒定）时，须设置主轴最高转速。

(1) 主轴线速度恒定指令 G96。

格式：G96 S__；　　S 的单位为 m/min

此时应限制主轴最高转速，即用 G50 指令。

如：G50 S1500；　　主轴最高转速限制为 1 500 r/min

(2) 直接设定主轴转速指令 G97。

格式：G97 S__；　　S 的单位为 r/min

注：一般系统默认设置为 G97。

G96、G97 均为模态指令，可相互取消。

5. 每转进给指令 G99 和每分钟进给指令 G98

格式：G99 F__；　　F 单位为 mm/r

　　　G98 F__；　　F 单位为 mm/min

G98、G99 均为模态指令，机床初始状态默认 G99。

6. 暂停指令 G04　该指令可以使刀具作短时间的无进给光整加工，用于切槽，钻、镗孔，自动加工螺纹，也可用于拐角轨迹控制等场合。

格式：G04 $\begin{cases} P\,\_\_; \\ U\,\_\_; \end{cases}$

(G99) G04 U (P) __；　指令表示暂停进刀的主轴回转数

(G98) G04 U (P) __；　指令表示暂停进刀的时间

如：G98 G04 P1600；　表示进给暂停 1.6 s（P 单位为 ms，P 值须为整数）

　　G98 G04 U1.6；　　表示进给暂停 1.6 s（U 单位为 s）

　　G99 G04 U2.0；　　指令表示进给暂停 2 转后，执行下一程序段

7. 工作原点坐标设置指令 G50

格式：G50 X__ Z__；

例 5—6　如图 5—7 所示，为其设置工作原点坐标编程。

G50 X150.0 Z200.0；

数控车床也可通过设置刀具数据来确定工作坐标系原点（详见机床操作）。

8. 参考点返回指令 G28　该指令使刀具自动返回参考点（一般设置为机床原点），或经过某一中间位置，再回到参考点。

格式：G28 X(U)__ Z(W)__ T00；

X(U)__ Z(W)__ 为中间点的坐标，T00 为取消刀补；

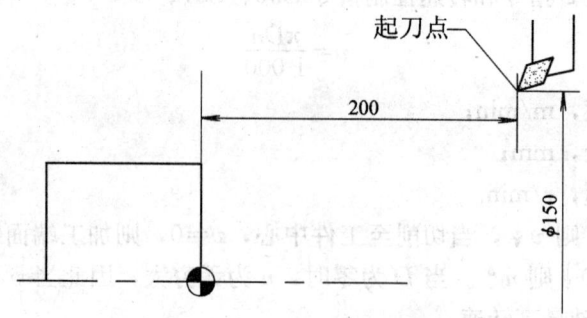

图 5—7 设置工作原点坐标

例 5—7 为图 5—8 所示返回参考点编程。

G28 X100.0 Z50.0 T00;

注：①中间点的确定应考虑到不致发生碰撞。
②编程时也可以从当前点直接回参考点，此时当前点应脱离工件，则程序为：G28 U0 W0 T00；

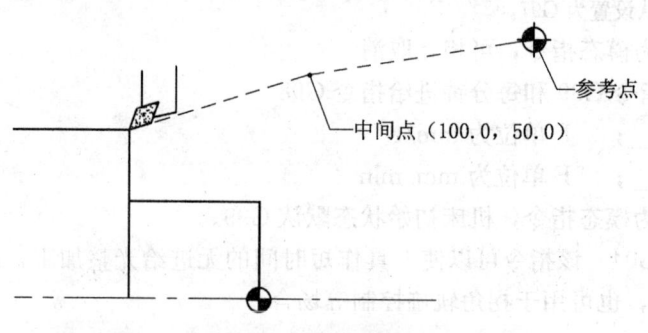

图 5—8 返回参考点

9. **螺纹车削加工** 在数控车床上用车削的方法可加工直螺纹和锥螺纹。车螺纹的进刀方式有直进式和斜进式，如图 5—9 所示。斜进式时刀具单侧刃加工，可减轻负荷。切深可数次进给，每次进给背吃刀量用螺纹深度减去精加工背吃刀量，所得的差按递减分配。常用的螺纹切削进给次数与背吃刀量见表 5—1。

螺纹切削时应注意在两端设置足够的升速进刀段 δ_1 和降速退刀段 δ_2，如图 5—10 所示，这两段的螺纹导程小于实际的螺纹导程。

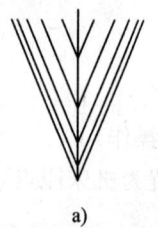  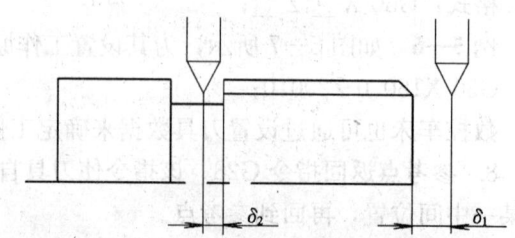

图 5—9 车螺纹进刀方式　　　　　图 5—10 螺纹切削的进刀段和退刀段
　a) 直进式　b) 斜进式

表 5—1　　　　　　　常用的螺纹加工进给次数与背吃刀量　　　　　　　　mm

	米制螺纹							
螺距		1.0	1.5	2.0	2.5	3.0	3.5	4.0
牙深		0.649	0.947	1.299	1.624	1.949	2.273	2.598
吃刀量及切削次数	1次	0.7	0.8	0.9	1.0	1.2	1.5	1.5
	2次	0.4	0.6	0.6	0.7	0.7	0.7	0.8
	3次	0.2	0.4	0.6	0.6	0.6	0.6	0.6
	4次		0.16	0.4	0.4	0.4	0.6	0.6
	5次			0.1	0.4	0.4	0.4	0.4
	6次				0.15	0.4	0.4	0.4
	7次					0.2	0.2	0.4
	8次						0.15	0.3
	9次							0.2

	英制螺纹							
牙/英寸		24	18	16	14	12	10	8
牙深		0.678	0.904	1.016	1.162	1.355	1.626	2.033
吃刀量及切削次数	1次	0.8	0.8	0.8	0.8	0.9	1.0	1.2
	2次	0.4	0.6	0.6	0.6	0.6	0.7	0.7
	3次	0.16	0.3	0.5	0.5	0.6	0.6	0.6
	4次		0.11	0.14	0.3	0.4	0.4	0.5
	5次				0.13	0.21	0.4	0.5
	6次						0.16	0.4
	7次							0.17

经验公式：$\delta_1 = 3.605\delta_2$　　$\delta_2 = \dfrac{NL}{1\,800}$

式中　N——主轴转速，r/min；

　　　L——螺纹导程，mm；

　　　1 800——常数，是基于伺服系统时间常数 0.033 s 得出的。

（1）螺纹切削指令 G32。G32 指令可车削直螺纹、锥螺纹和端面螺纹（涡形螺纹）。G32 指令进刀方式为直进式。用 G32 指令编写螺纹加工程序时，车刀的切入、切出和返回均要写入程序中。注意：螺纹切削时不可用主轴线速度恒定指令 G96。

格式：G32 X(U)__ Z(W)__ F__；

其中，X(U)__ Z(W)__为螺纹终点坐标，F__为螺距。

1）直螺纹加工。

例 5—8　如图 5—11 所示，螺纹外径已车至 29.8；4×2 的槽已加工，此螺纹加工查表 5—1 知切削 5 次（0.9；0.6；0.6；

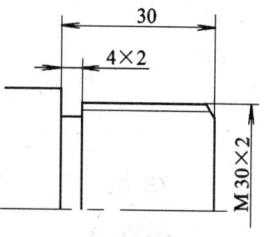

图 5—11　直螺纹加工

0.4；0.1），至小径 $d=30-1.3\times2=27.4$，对其编程如下：

程序：

O1；

G00 X32.0 Z5.0；	螺纹进刀至切削起点
X29.1；	切进
G32 Z−28.0 F2.0；	切螺纹
G00 X32.0；	退刀
Z5.0；	返回
X28.5；	切进
G32 Z−28.0 F2.0；	切螺纹
…	X 向尺寸按每次吃刀深度递减，直至终点尺寸 27.4
Z5.0；	
X27.4；	切至尺寸
G32 Z−28.0 F2.0；	
G00 X32.0；	
Z5.0；	
…	

2）锥螺纹加工。

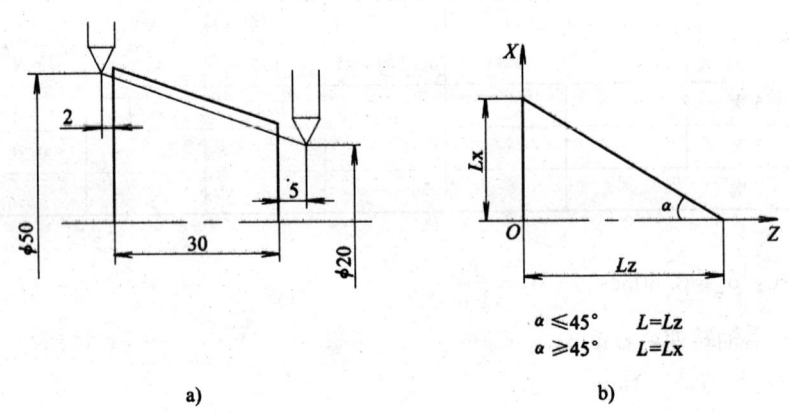

图 5—12 锥螺纹加工

例 5—9 如图 5—12 所示，编写锥螺纹加工程序。

程序：

O1；

…

…

Z5.0；	
X20.0；	进刀至尺寸
G32 X50.0 Z−32.0 F2.0；	车螺纹

……
……

（2）螺纹加工循环指令G92。通过前面例题可以看出，螺纹加工须多次进刀，使用G32指令编写，程序较长，且易发生错误。为此数控车床一般均在数控系统中设置了螺纹加工循环指令G92。

G92用于螺纹加工，其循环路线与单一形状固定循环基本相同。如图5—13所示，循环路径中，除螺纹车削为进给运动外，其余均为快速运动。

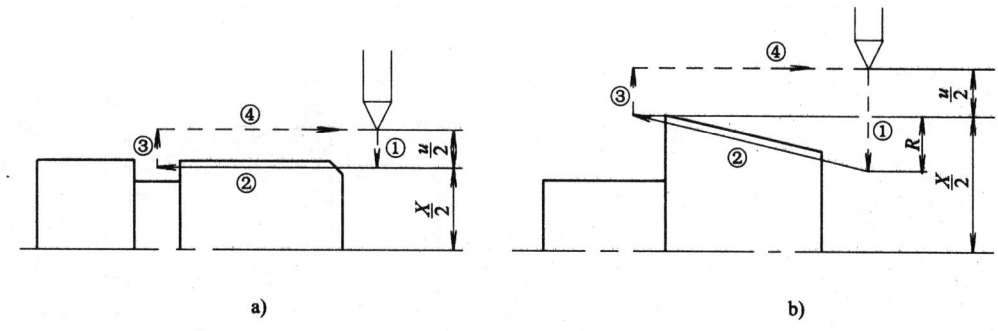

图5—13 螺纹切削循环G92
a）直螺纹 b）锥螺纹

格式：
直螺纹 G92 X(U)__ Z(W)__ F__；
锥螺纹 G92 X(U)__ Z(W)__ R__ F__；
其中，X(U)__ Z(W)__为螺纹终点坐标；R__为锥螺纹始点与终点的半径差；F__为螺距。

例5—10 为图5—14所示的螺纹切削编程。
程序：
……
……
G00 X22.0 Z5.0；　　　　　起刀点
G92 X19.2 Z—18.0 F1.5；　　螺纹加工第一次循环

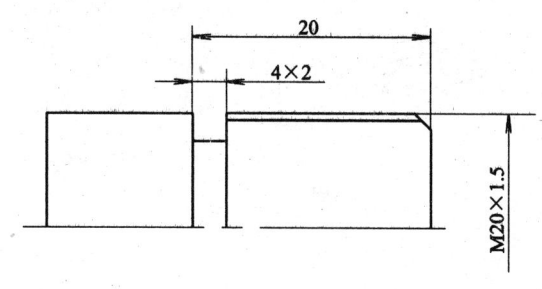

图5—14 螺纹切削

    X18.6；   螺纹加工第二次循环
    X18.2；   螺纹加工第三次循环
    X18.05；   螺纹加工第四次循环
    G00 X100.0 Z150.0；   退刀，取消循环
...
...

例 5—11 为图 5—15 所示的锥螺纹切削编程。
程序：
...
G00 X32.0 Z5.0；
G92 X31.2 Z−18.0 R−7.5 F1.5；
    X30.4；
    X29.8；
    X29.46；
    X29.30；
G00 X100.0 Z150.0；

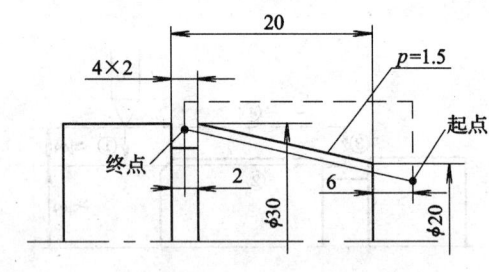

图 5—15 锥螺纹切削

注：$R = \left[\dfrac{(20-30)}{2} \div 16\right] \times (6+18) = -7.5$

锥螺纹切削终点直径为：$d = 30 + 2 \times \dfrac{30-20}{16} - 1.3 \times 1.5 = 29.3$

经验公式：$d = D - 1.3p$

式中　d——螺纹小径，mm；
　　　D——螺纹大径，mm；
　　　p——螺距，mm。

(3) 复式螺纹切削循环指令 G76。G76 指令用于多次自动循环切削螺纹。图 5—16 所示为螺纹复合加工循环路径及进刀方式。

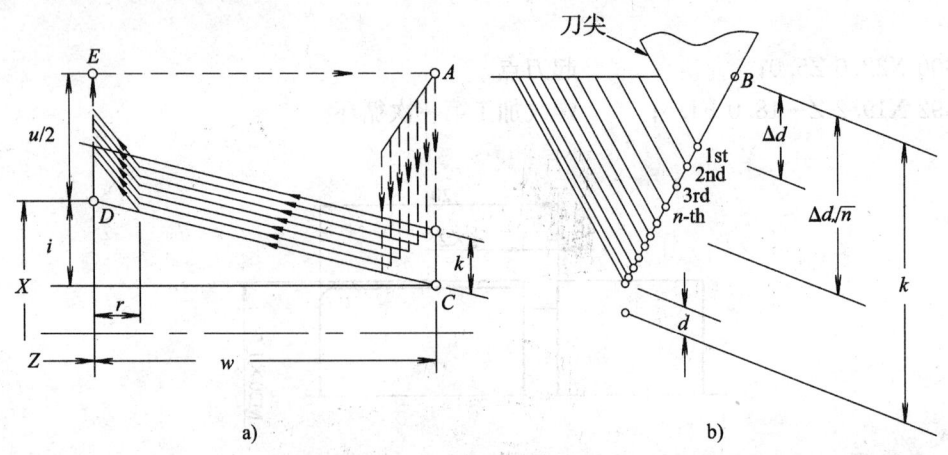

图 5—16 螺纹复合加工循环路径及进刀方式（G76）

格式：G76 P(m)(r)(a) Q(Δd_{min}) R(d);
G76 X(U)__ Z(W)__ R(i) P(k) Q(Δd) F(f);
各参数说明如下：

m：精车重复次数，从 1~99，该参数为模态量。

r：螺纹尾端倒角量，该值的大小可设定在 $0.0L$~$9.9L$ 之间，系数应为 0.1 的整数倍，用 00~99 之间的两位整数来表示，其中 L 为螺距。该参数为模态量。

a：刀尖角度，可从 80°、60°、55°、30°、29°和 0°六个角度中选择，用两位整数来表示。该参数为模态量。

m、r 和 a 用地址 P 同时指定，例如：$m=2$, $r=1.2L$, $a=60°$，表示为 P021260。

Δd_{min}：最小车削深度，用半径编程指定。车削过程中每次的车削深度为 ($\Delta d \sqrt{n} - \Delta d \sqrt{n-1}$)，当计算深度小于这个极限值时，车削深度锁定在这个值，该参数为模态量。

d：精车余量，用半径编程指定。该参数为模态量。

X(U)__ Z(W)__：螺纹终点坐标。

i：螺纹部分的半径差，$i=0$，则为直螺纹。

k：螺纹高度，用半径值指定。

Δd：第一次车削深度，用半径值指定。

f：螺距。

在指令中，Q、P、R 地址后的数值应以无小数点形式表示。

例 5—12 为图 5—17 所示的螺纹切削编程。现加工 M68×6 的螺纹，螺纹高度为 3.9，螺距为 6，螺纹尾端倒角为 $1.1L$，刀尖角为 60°，第一次车削深度 1.8，最小车削深度 0.1，精车余量 0.2，精车次数 1 次，螺纹精车前先精车外圆柱面至尺寸。

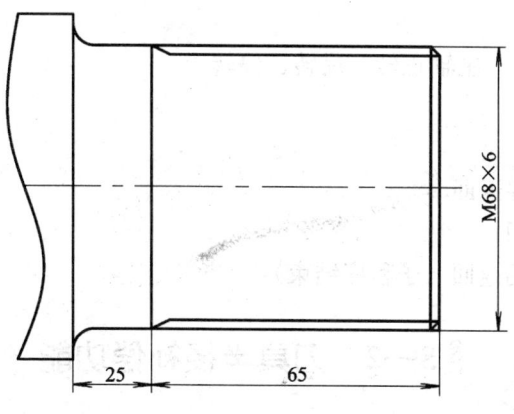

图 5—17 螺纹切削

螺纹加工程序如下：
O0011;
…
G97 S200 T0303 M03;

G00 X70.0 Z7.0；
G76 P011160 Q100 R200；
G76 X60.2 Z—65.0 P3900 Q1800 F6.0；
G00 X200.0 Z200.0；
…
M30；

10. 刀具功能指令 T　该指令可指定刀具及刀具补偿。

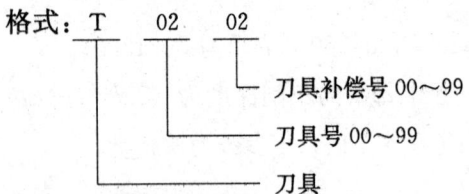

注：①刀具号可与转位刀架上的刀具号相对应。
②刀具补偿包括形状补偿和磨损补偿。
③为了方便，刀具号和刀具补偿号通常是一致的。
④刀具号为 0 或 00 时，取消刀具；刀具补偿号为 0 或 00 时，相当于取消补偿。例如：T0 或 T00，T0200。

例 5—13　刀具功能程序
G00 X100.0 Z50.0 T0101；

11. 辅助功能 M 指令
M00——程序停止
M01——选择停止
M02——程序停止
M03、M04、M05——主轴正转、反转、停转
M08——切削液开
M09——切削液关
M30——程序结束并返回
M98——子程序调用
M99——子程序调用返回（子程序结束）

§5—2　刀具半径补偿功能

一、刀具半径补偿的作用

数控车床是按刀具的刀尖对刀的，但由于车刀刀尖总有一段半径很小的圆弧，因此对刀时刀尖的位置是一个假想刀尖点（即车外圆、车端面时，刀刃上起切削作用的点沿坐标轴方向延伸的汇交点为假想刀尖点）。如图 5—18b 所示，车刀中的 A 点为假想刀尖点，相当于图 5—18a 所示车刀的刀尖点。

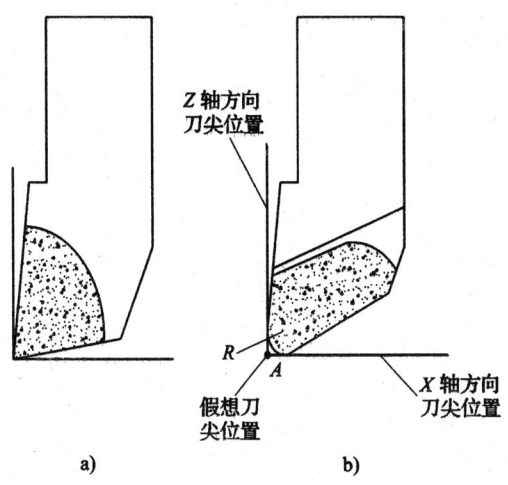

图 5—18 假想刀尖

编程时按假想刀尖轨迹编程，即工件轮廓与假想刀尖重合，而车削时实际起作用的切削刃却是刀尖圆弧上的各切点，这样会引起加工表面的形状误差。车内外圆柱、端面时并无误差产生，因为实际切削刃的轨迹与工件轮廓一致。车锥面、倒角或圆弧时，则会造成欠切削或过切削的现象，如图 5—19 所示。

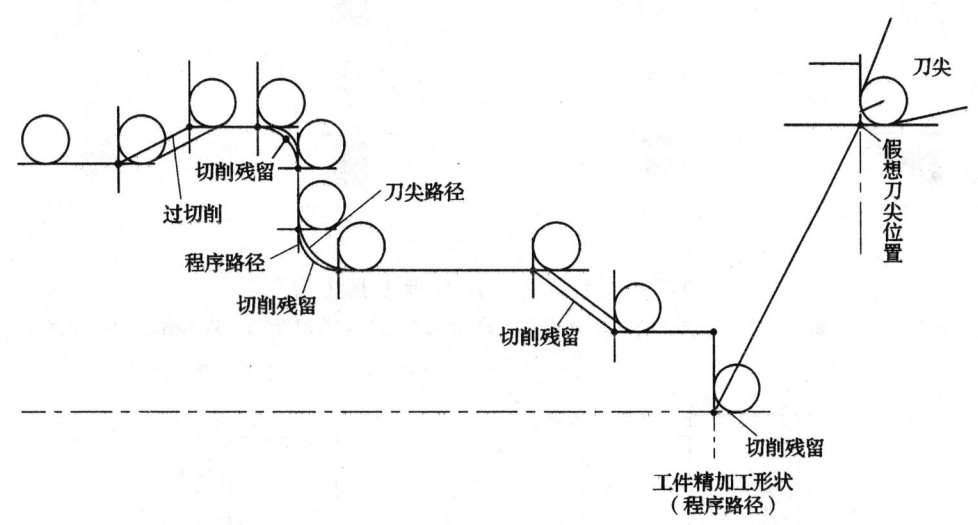

图 5—19 过切削及欠切削现象

采用刀具半径补偿功能，刀具运动轨迹指的不是刀尖，而是刀尖上刀刃圆弧的中心位置的运动轨迹。编程者按工件轮廓线编程，数控系统会自动完成刀心轨迹的偏置，即执行刀具半径补偿后，刀具会自动偏离工件轮廓一个刀尖圆弧半径值，使刀刃与工件轮廓相切，从而加工出所要求的工件轮廓。

数控系统还能自动完成直线与直线转接、圆弧与圆弧转接和直线与圆弧转接等夹角过渡功能。

二、刀具半径补偿的方法

刀具半径补偿的方法是通过键盘输入刀具参数，并在程序中采用刀具半径补偿指令。

1. **刀具参数** 包括刀尖半径、车刀形状、刀尖圆弧位置。这些都与工件的形状有关，必须用参数输入刀具数据库（详见机床操作）。假想刀尖圆弧位置序号共有 10 个（0~9），如图 5—20 所示。

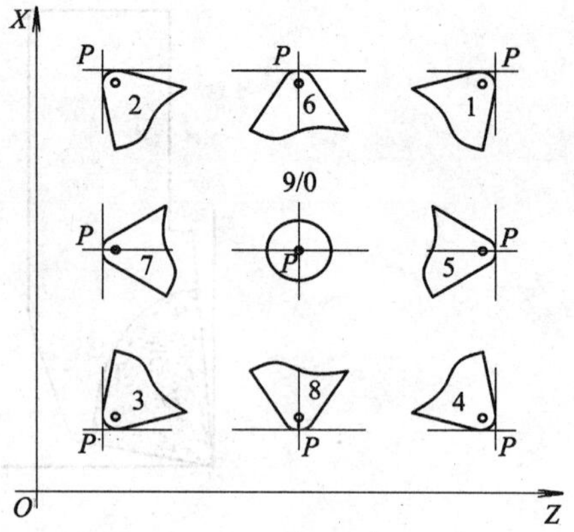

图 5—21 所示为几种数控车床用的刀具的假想刀尖位置。

2. **刀具半径补偿指令 G40、G41、G42**

（1）取消刀具半径补偿指令 G40。G40 应写在程序开始的第一个程序段以及取消刀具半径补偿的程序段。G40 取消 G41、G42。

图 5—20 假想刀尖位置序号

（2）刀具半径左补偿指令 G41，刀具半径右补偿指令 G42。判定：沿着刀具运动方向看，刀具在工件切削位置左侧称左补偿或左刀补；刀具在工件切削位置右侧称右补偿或右刀补，如图 5—22 所示。

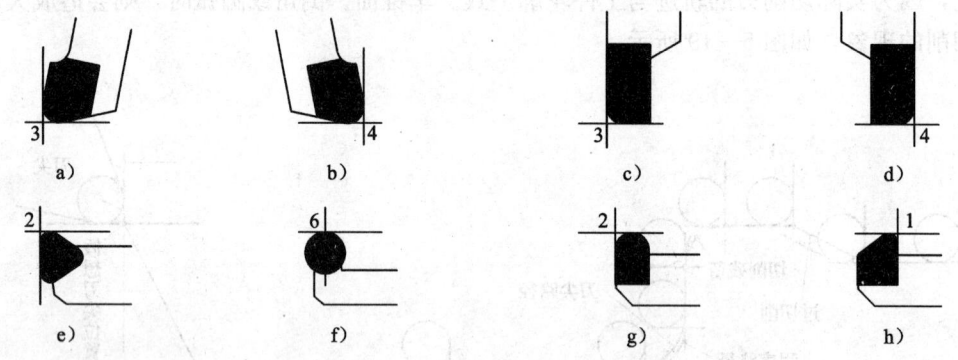

图 5—21 数控车床刀具的假想刀尖位置
a) 右偏车刀 b) 左偏车刀 c) 右切刀 d) 左切刀 e) 镗孔刀 f) 球头镗刀 g) 内沟槽刀 h) 左偏镗刀

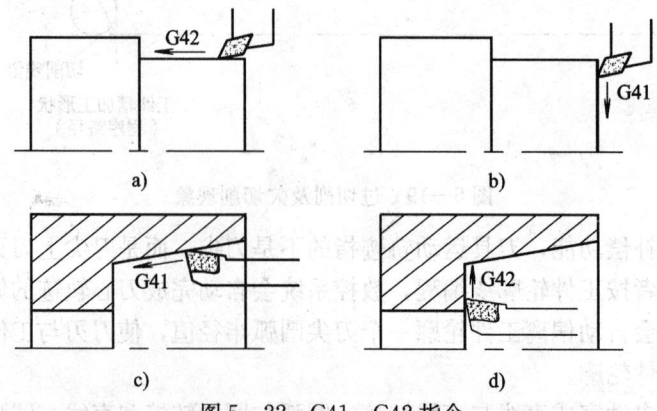

图 5—22 G41、G42 指令

三、刀具半径补偿注意事项

1. 加刀具半径补偿或去除刀具半径补偿最好在工件轮廓线以外,未加刀补点至加刀补点的距离应大于刀具(尖)半径;未去除刀补点至去除刀补点的距离应大于刀具(尖)半径。

2. G41、G42不能重复使用,即在程序中前面有了G41指令后,不能再直接使用G42。若想使用,则必须先用G40取消原补偿状态后,再使用G41或G42,否则补偿就不正常。

3. G41、G42指令可与G00或G01指令写在同一个程序段内,在这个程序段的下一个程序开始点位置,与程序中刀具路径垂直的方向线通过刀尖圆心。

4. 用G40指令取消刀具半径补偿,在指令G40程序段的前一个程序段的终点位置,与程序中刀具路径垂直的方向线通过刀尖圆弧中心。

5. 在使用G41或G42指令时,不允许有两句连续的非移动指令,否则刀具就会在前面程序段的终点的垂直位置停止,且产生过切削或欠切削现象。

非移动指令包括:M代码、S代码、暂停指令G04、某些G代码(如G50、G96)、移动量为零的切削指令(如G01 U0 W0)。

四、刀具(尖)半径补偿实例

例 5—14 根据图5—23中利用刀具(尖)半径补偿做出的刀具路径,完成程序编制。刀尖R为0.4 mm。

程序:
O0012;
G50 X150.0 Z200.0;   设置工作原点在右端面

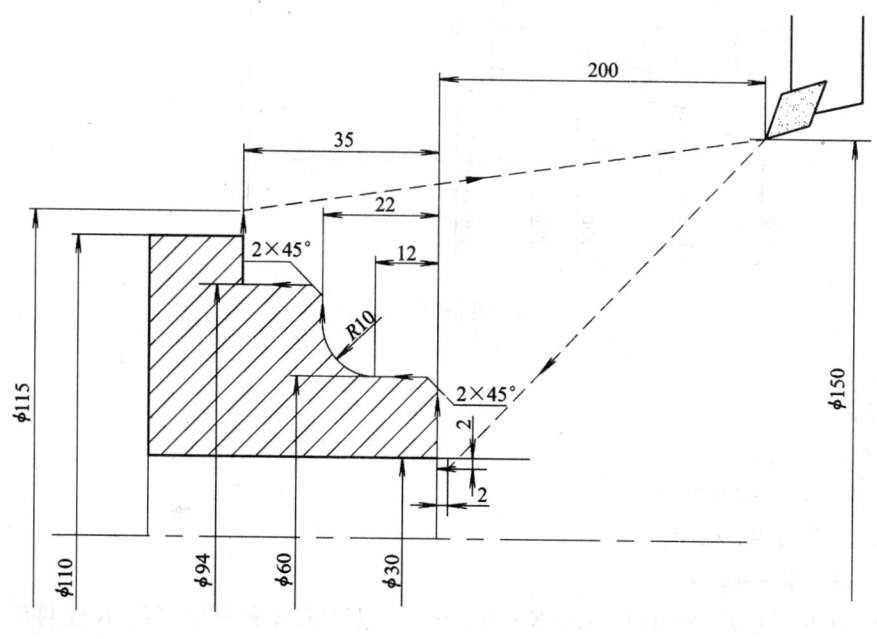

图 5—23

G00 G40 G97 G99 S500 T0101 M03 F0.2;　　　T01号刀具，主轴转速500 r/min，
　　　　　　　　　　　　　　　　　　　　进给速度0.2 mm/r
G42 X26.0 Z2.0;
G01 Z0;
　　X60.0 C-2.0;
　　Z-12.0;
G02 X80.0 Z-22.0 I10.0 K0;
G01 X94.0 C-2.0;
　　Z-35.0;
G40 X115.0;　　　　　　　　　　　　　　去刀具半径补偿
G00 X150.0 Z200.0;
G28 U0 W0 T0 M05;　　　　　　　　　　　返回参考点，取消刀具，主轴停转
M30;

例 5—15 根据图 5—24 中利用刀具半径补偿做出的刀具路径，完成程序编制。刀尖 R 为 0.4 mm。

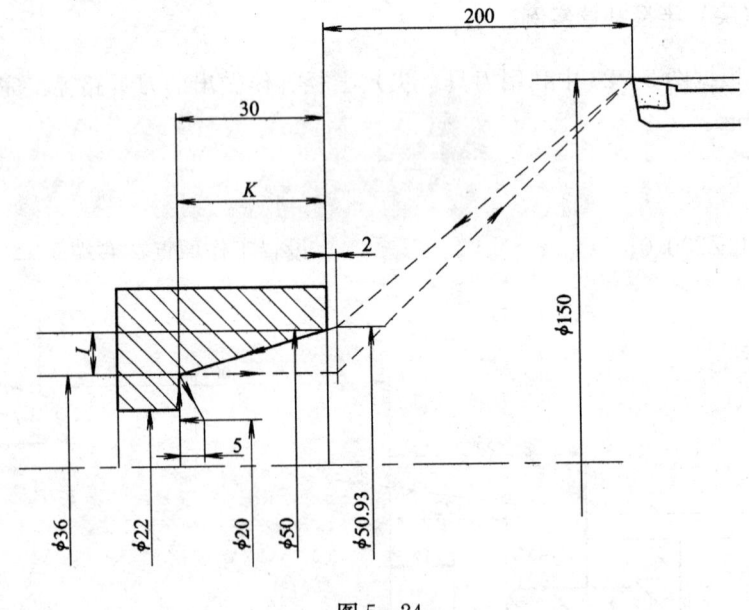

图 5—24

程序：
O0013;
G50 X150.0 Z200.0;
G40 G97 G99 S500 M03 F0.2 T0202;
G00 G41 X50.93 Z2.0;
G01 X36.0 Z-30.0;
G00 G40 X20.0 Z-25.0 I-7.0 K-30.0;　　　去刀具半径补偿（I、K 工件斜面方向，
G01 G42 Z-30.0;　　　　　　　　　　　　防止过切削）

· 58 ·

X36.0;
G00 G40 Z2.0 I7.0 K30.0;   去刀具半径补偿
G00 X150.0 Z200.0;
G28 U0 W0 T0 M05;   返回参考点，取消刀具，主轴停转
M30;

注：在阶梯、锥面连接处，退刀时指定 G40，在指定 G40 的程序里使用反映斜面方向的 I、K 地址来防止工件被过切削，如图 5—24 所示。

§5—3 固定循环指令

进行外径、内径、端面、螺纹切削的粗加工，刀具常常要反复地执行相同的动作，才能加工到工件要求的尺寸。为了简化程序，数控装置可以用一个程序段指定刀具作反复切削，这就是固定循环功能。车削固定循环分为单一形状固定循环和多重复合循环。

一、单一形状固定循环

单一形状固定循环有三种循环指令，分别是 G90、G92 和 G94，其中 G92 已在螺纹切削部分介绍过。

1. 外径、内径切削循环指令 G90

（1）圆柱面切削循环。

格式：G90 X(U)__ Z(W)__ F __；

其中，X(U)__ Z(W)__ 为切削终点坐标。车削循环过程如图 5—25 所示。

例 5—16 如图 5—26 所示，粗车 ϕ35 圆柱面，外圆留余量 0.4 mm，端面留余量 0.2 mm，完成程序编制。

程序：
O0014;
G40 G97 G99 S600 M03 T0101 F0.2;
G00 X55.0 Z5.0;

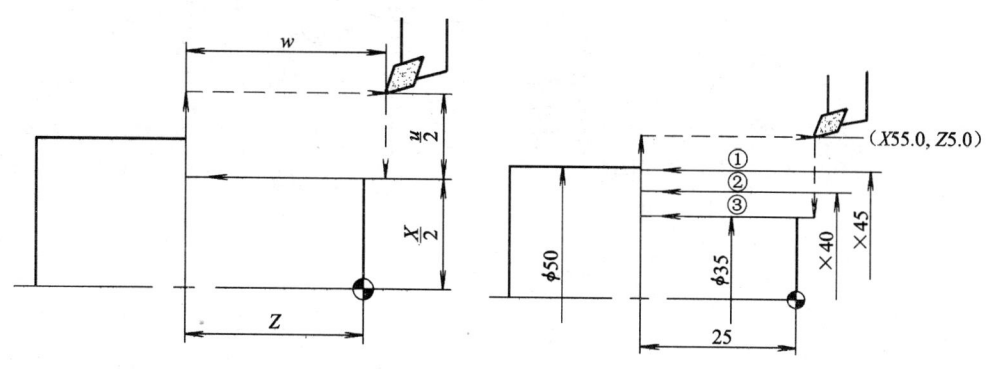

图 5—25 圆柱面切削循环   图 5—26

G90 X45.0 Z—24.8；
　　X40.0；
　　X35.4；
G00 X150.0 Z200.0；
M01；

(2) 锥面车削循环。

格式：G90 X(U)__ Z(W)__ R__ F__；

其中，X(U)__ Z(W)__为切削终点坐标；R__（或I__）为圆锥面加工起、终点的半径差，有正、负号。车削循环过程如图5—27所示。

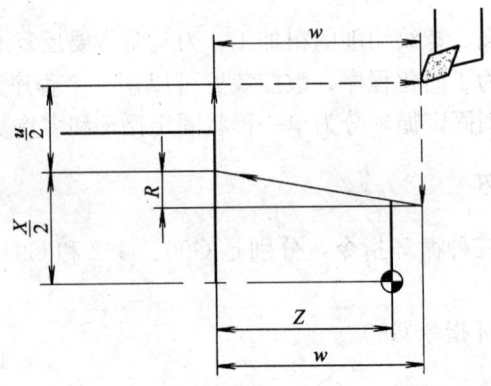

图5—27　圆锥面车削固定循环（G90）

例5—17　如图5—28所示，完成锥面粗车，留余量0.4 mm，为其编程。

程序：

O0015；
G40 G97 G99 S600 M03 T0101 F0.2；
G00 X56.0 Z6.0；

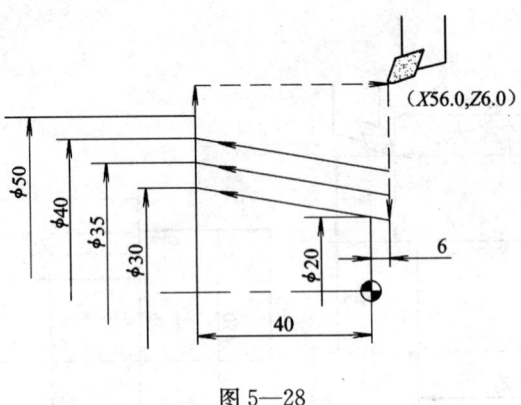

图5—28

G90 X40.0 Z—40.0 R—5.75；
　　X35.0；
　　X30.4；

G00 X150.0 Z200.0；
M01；

2. 端面切削循环指令 G94

(1) 垂直端面车削固定循环。

格式：G94 X(U)__ Z(W)__ F__ ；

其中，X(U)__ Z(W)__ 为切削终点坐标。车削循环过程如图5—29a所示。

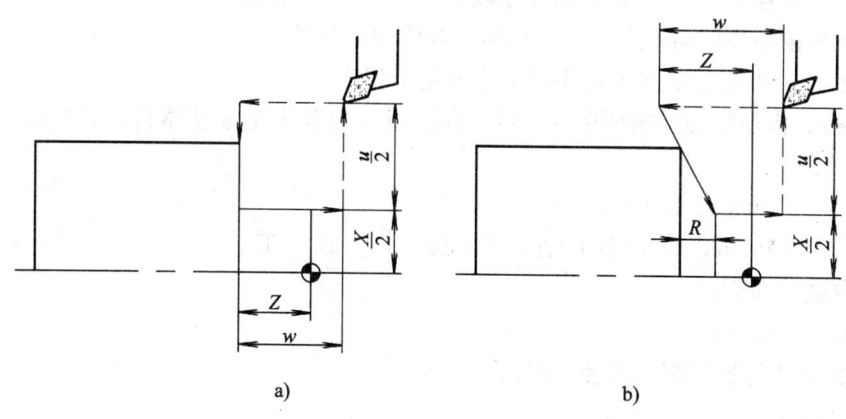

图 5—29 端面粗车固定循环（G94）

(2) 锥形端面车削固定循环。

格式：G94 X(U)__ Z(W)__ R__ F__；

其中，X(U)__ Z(W)__ 为切削终点坐标；R__ 为圆锥面起、终点Z坐标的差值，有正、负号。车削循环过程如图5—29b所示。

例 5—18 完成图5—30所示 φ30 垂直端面粗车，留余量 0.2 mm，为其编程。

程序：
O0016；
G40 G97 G99 S500 M03 T0101 F0.15；
G00 X65.0 Z5.0；
G94 X30.4 Z−5.0；
　　Z−10.0；
　　Z−14.8；
G00 X150.0 Z200.0；
M01；
锥端面粗车循环例略。

图 5—30

二、多重复合固定循环指令

应用 G90、G92、G94 这些单一固定循环还不能有效地简化加工程序，如果使用多重复合固定循环，通过定义零件精加工的刀具轨迹来进行零件的粗车和精车，可使数控编程变得更加容易。多重复合循环有外径、内径的粗加工循环指令 G71、端面粗加工循环指令 G72、闭合车削循环指令 G73、精车循环指令 G70、端面钻孔循环指令 G74、外圆车槽循环指令 G75。

1. 精加工循环指令 G70　在采用 G71、G72、G73 指令进行粗车后，用 G70 指令可进行精车循环切削。

格式：G70 P（ns）Q（nf）；

其中，ns 为精加工程序组的第一个程序段的顺序号；nf 为精加工程序组的最后一个程序段的顺序号。编程注意事项：

(1) 精车过程中的 F、S、T 在程序段 P__到 Q__间指定。

(2) 在车削循环期间，刀具（尖）半径补偿功能有效。

(3) 在 P__和 Q__之间的程序段不能调用子程序。

2. 外径、内径粗加工循环指令 G71　G71 指令用于粗车圆柱棒料，以切除较多的加工余量。

格式：G71 U(Δd) R（e）；
　　　G71 P（ns）Q（nf）U(Δu) W(Δw) F__ S__ T__；

各参数说明如下：

ns、nf：同 G70；

Δd：粗加工每次切深（半径编程）；

e：退刀量；

Δu：X 轴方向精加工余量（直径值）；

Δw：Z 轴方向精加工余量；

F、S、T：粗车过程中从程序号 P 到 Q 之间包括的任何 F、S、T 功能都被忽略，只有在 G71 指令中指定的 F、S、T 功能有效。

如图 5—31 所示，为 G71 指令的刀具循环路径。

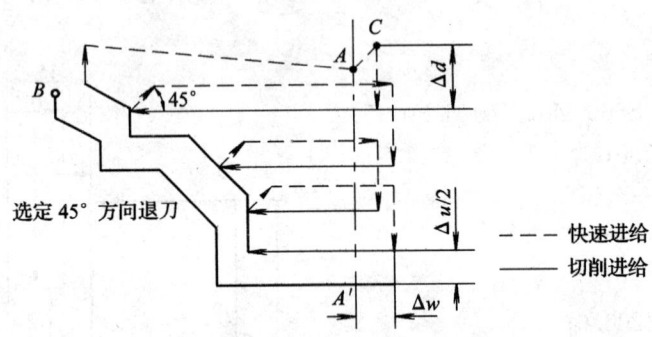

图 5—31　G71 指令刀具循环路径

注：①在包含 G00 或 G01 序号为 ns 的程序段中指定 A 及 A′间的刀具路径，且在该段中不能指定沿 Z 轴方向移动，刀具移动指令必须垂直于 Z 轴方向。车削循环过程是平行于 Z 轴方向的。

②从 A′到 B 的刀具轨迹在 X 轴及 Z 轴必须单调增加或单调减少。

③粗车循环最后一刀切削都按 P__到 Q__间精车程序段轨迹切削，留余量 Δu、Δw。

例 5—19　使用 G71、G70 完成图 5—32 所示零件的加工，棒料直径 ϕ105，工件不切断（刀尖 R0.4）。

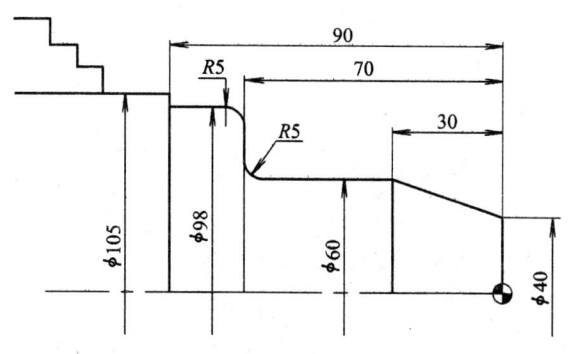

图 5—32 G71、G70 加工实例

程序：

O0017；

程序	说明
G40 G97 G99 S500 M03 T0101；	T0101 粗车刀
G00 X106.0 Z5.0 M08；	刀具快速运动到循环起点
G71 U2.0 R0.5；	G71 切深 2.0 mm，退刀量 0.5 mm
G71 P10 Q20 U0.4 W0.2 F0.2；	X 向留精车余量 0.4 mm， Z 向留精车余量 0.2 mm
N10 G42 X0；	加右刀补，N10～N20 是精车程序
G01 Z0 F0.15 S600；	
X40.0；	
X60.0 Z−30.0；	
Z−65.0；	
G02 X70.0 Z−70.0 R5.0；	
G01 X88.0；	
G03 X98.0 Z−75.0 R5.0；	
G01 Z−90.0；	
N20 G40 X106.0；	去刀具半径补偿
G00 X150.0 Z200.0 M09；	换刀点
T0202；	换精车刀
G00 X106.0 Z5.0；	外圆精车循环点
G70 P10 Q20；	
G28 U0 W0 T0 M05；	X 轴、Z 轴回参考点
M30；	

例 5—20 使用 G71、G70 完成图 5—33 所示零件的内孔加工，现工件已钻 φ26 底孔（刀尖 R0.4），为其编程。

程序：

O0018；

G40 G97 G99 S500 M03 T0303；	T0303 镗孔刀
G00 X25.0 Z2.0 M08；	刀具快速运动到循环起点

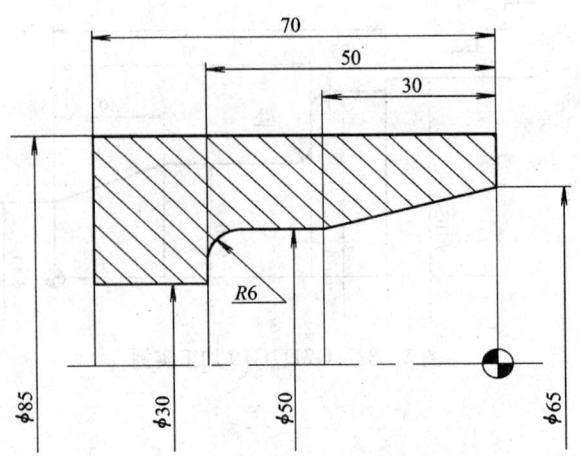

图 5—33 G71、G70 加工实例

G71 U2.0 R0.5;   G71 切深 2.0 mm, 退刀量 0.5 mm
G71 P10 Q20 U—0.4 W0.2 F0.2;   X 向留精车余量 0.4 mm,
                                         Z 向留精车余量 0.2 mm

N10 G41 X65.0 F0.15;
G01 Z0;
   X50.0 Z—30.0;
   Z—44.0;
G03 X38.0 Z—50.0 R6.0;
G01 X30.0;
   Z—71.0;
N20 G40 X25.0;
G70 P10 Q20;
G28 U0 W0 T0 M05;
M30;

3. 端面粗加工循环指令 G72　G72 指令适用于圆柱毛坯的端面方向粗车。G72 指令的执行过程除了车削是平行于 X 轴进行外，其余与 G71 指令相同。

格式：G72 W(Δd) R(Δe);
　　　G72 P(ns) Q(nf) U(Δu) W(Δw) F__ S__ T__ ;

其中，Δd 为 Z 轴方向切深。图 5—34 所示为 G72 指令刀具循环路径。

注：粗车循环最后一刀，按 P__ 到 Q__ 程序段轮廓，均匀留余量 Δu 和 Δw。

例 5—21　使用 G72、G70 完成图 5—35 所示零件的外形车削，棒料直径 ϕ155，工件不切断，为其编程。

程序：
O0018;
G50 S1500;   限制主轴最高转速 1 500 r/min
G40 G96 G99 S80 M03 T0101;   主轴线速度恒定 80 m/min

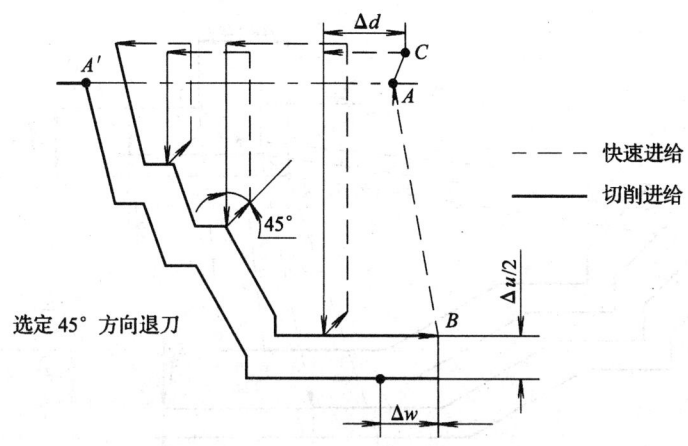

图 5—34 G72 指令刀具循环路径

粗车循环起点

G00 X156.0 Z2.0；
G72 W2.0 R0.4；
G72 P10 Q20 U0.4 W0.4 F0.2；
N10 G00 G41 Z－45.0；
G01 X150.0；
　　Z－30.0；
G02 X140.0 Z－25.0 R5.0；
G01 X100.0；
G03 X90.0 Z－20.0 R5.0；
G01 Z－10.0；
　　X60.0；
　　Z0；
　　X0；
N20 G40 Z2.0；
G70 P10 Q20；
G28 U0 W0 T0 M05；
M30；

4. 闭合车削循环指令 G73　G73 指令与 G71、G72 指令功能相同，只是刀具路径是按工件精加工轮廓进行的，如图 5—36 所示。G73 适用于毛坯轮廓形状与零件轮廓基本接近的毛坯粗加工。例如，一些锻件、铸件的粗车。

格式：G73 U(Δi) W(Δk) R＿；
　　　G73 P(ns) Q(nf) U(Δu) W(Δw) F＿ S＿ T＿；

其中，Δi 可表示沿 X 轴的退出距离和方向；Δk 可表示沿 Z 轴的退出距离和方向；R＿为粗加工次数。

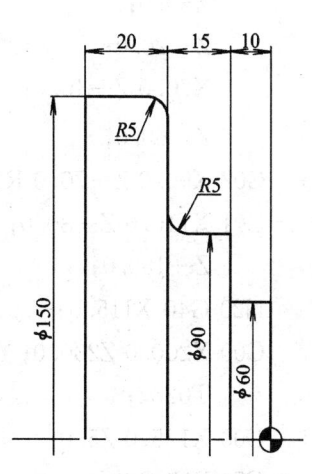

图 5—35 G72、G70 指令加工实例

· 65 ·

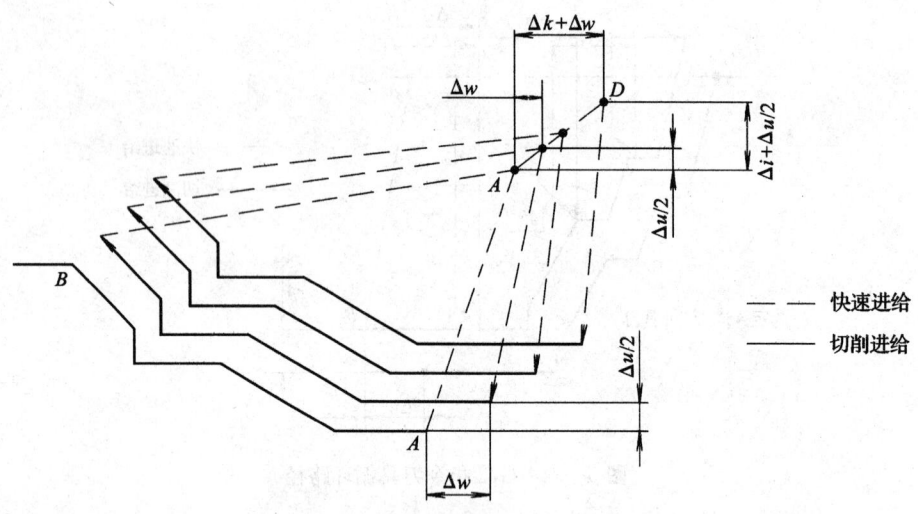

图 5—36 G73 指令刀具循环路径

例 5—22 使用 G73、G70 完成图 5—37 所示零件的加工,零件已粗车,外圆余量 4 mm,端面余量 2 mm,工件不切断,为其编程。

程序:
O0019;
G40 G97 G99 S500 M03 T0101;
G00 X125.0 Z5.0;
G73 U2.0 W2.0 R4;
G73 P10 Q20 U0.4 W0.2 F0.2;
N10 G0 G42 X0;
G01 Z0 F0.15;
　　X50.0;
　　Z-20.0;
　　X70.0 Z-40.0;
　　Z-60.0;
G02 X90.0 Z-70.0 R10.0;
G01 X110.0 Z-80.0;
　　Z-100.0;
N20 G40 X115.0;
G00 X200.0 Z200.0;
　　T0202;
G00 X125.0 Z5.0;
G70 P10 Q20;
G28 U0 W0 T0 M05;
M30;

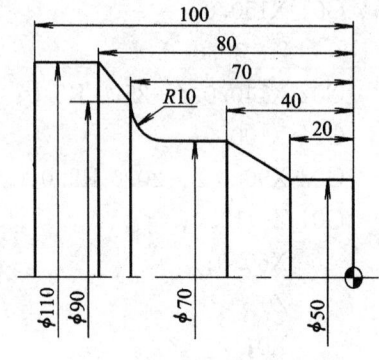

图 5—37 G73、G70 指令加工实例

5. 端面啄示钻孔循环指令 G74　该指令操作如图 5—38 所示,在循环中可处理断屑。如果省略 X(U) 及 P(Δi)、R(Δd),结果只在 Z 轴操作,用于钻孔。

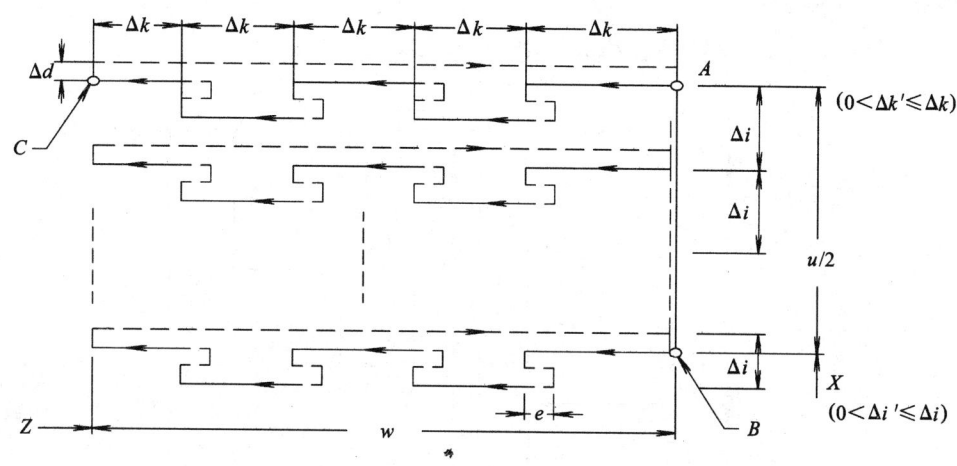

图 5—38　端面啄示钻孔循环指令 G74

格式:G74 R(e);
　　　G74 X(U)__ Z(W)__ P(Δi) Q(Δk) R(Δd) F(f);

各参数说明如下:

e:退刀量,该参数为模态值;

X:为 B 点的 X 坐标值;

U:从 A 至 B 的增量;

Z:C 点的坐标值;

W:从 A 至 C 的增量;

Δi:X 轴方向间断切削长度(无正负);

Δk:Z 轴方向间断切削长度(无正负);

Δd:为切削至终点的退刀量。Δd 的符号为正,但如果 X(U) 及 P(Δi) 省略,可用所用的正、负符号指定退刀方向。

例 5—23　如图 5—39 所示,要在工件上钻 ϕ8、长 100 mm 的孔,使用 G74 指令钻孔,为其编程。

程序:

O0019;
G40 G97 G99 S700 M03 T0404;　　T0404 为 ϕ8 钻头
G00 X0 Z5.0;
G74 R0.3;
G74 Z-100.0 Q8000 F0.1;
G00 Z150.0;
M05;
M30;

6. 外径、内径啄示钻孔循环 G75　该指令操作如图 5—

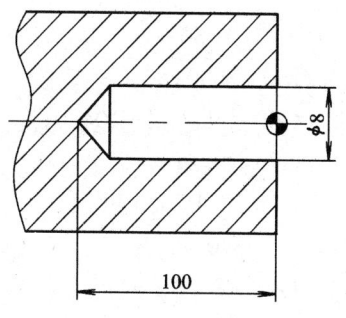

图 5—39

40 所示，加工循环可处理断屑和排屑。如果省略 Z（Δw）、Q（Δk）和 R（Δd），则仅有 X 轴移动，可用于外圆槽的循环加工。

格式：G75 R(e)；
G75 X(U)＿ Z(W)＿ P(Δi) Q(Δk) R(Δd) F(f)；

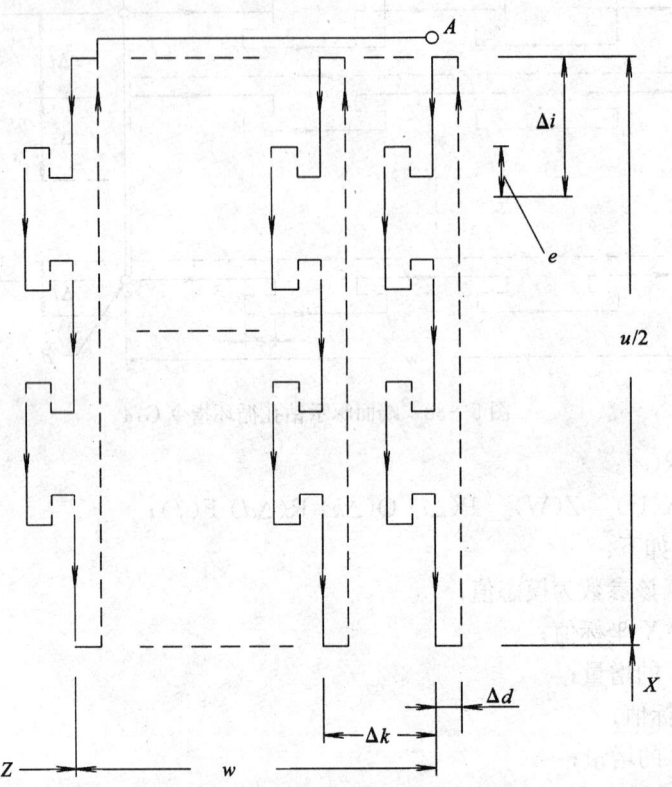

图 5—40 外径、内径啄示钻孔循环 G75

例 5—24 如图 5—41 所示，将工件切断（Z100 处），编写程序。

程序：
O0019；
……
……

    T0303；　　　　切刀宽 4 mm，以左刀刃对刀
M03 S300；
G00 X85.0 Z－104.0；
G75 R0.2；
G75 X0 P5000 F0.1；
    W0.1；
G01 X85.0 F0.4
……
……

图 5—41

§5—4 子程序

在零件加工时,当某一加工内容重复出现(即工件上相同的切削路线重复)时,可以将该加工内容的程序编制出来作为子程序,而在编程时通过主程序调用,使程序简化。

一、子程序调用

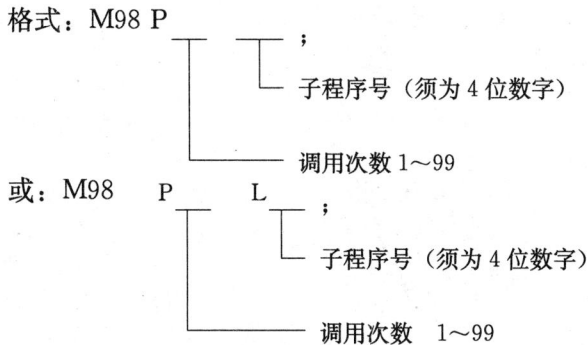

M99;子程序结束

图 5—42 所示为子程序调用编程原理,子程序可为多重嵌套。

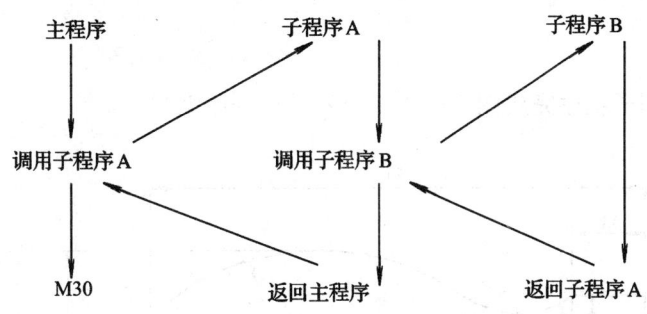

图 5—42 子程序调用编程原理

二、子程序编程实例

例 5—25 运用子程序完成图 5—43 所示零件的切槽加工。

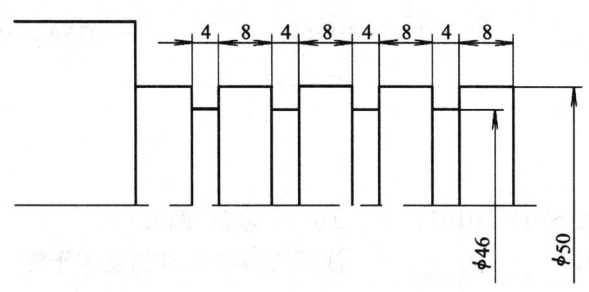

图 5—43 子程序例

程序：
O0021;
G40 G97 G99 S600 M03 T0303;   T0303 为 4 mm 宽切刀
G00 X52.0 Z0;
M98 P041234;   调用 O1234 子程序 4 次
G00 X150.0 Z200.0;
G28 U0 W0 T0 M05;
M30;
子程序：
O1234;
W−12.0;
X46.0 F0.1;
X52.0 F0.4;
M99;
或子程序：
O1234;
W−12.0;
U−6.0 F0.1;
U6.0 F0.4;
M99;

例 5—26 利用子程序完成图 5—44 所示零件的程序编制。

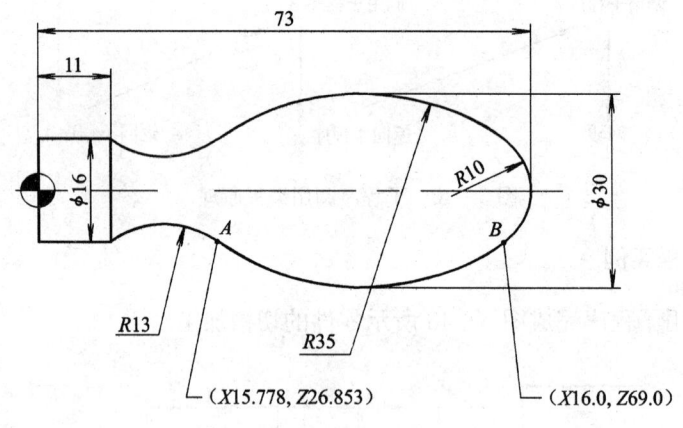

图 5—44

程序：
O0022;
G40 G97 G99 M03 S700 T0101;   T0101 为 90°偏刀
G00 X30.0 Z78.0;   注意刀具与工件勿发生干涉
M98 P101235;
G00 X150.0 Z200.0;

G28 U0 W0 T0 M05；
M30；
子程序：
O1235；
G00 U-3.0；
G01 W-5.0 F0.15；
G03 U16.0 W-4.0 R10.0；
G03 U-0.222 W-42.147 R35.0；
G02 U0.222 W-15.853 R13.0；
G01 W-11.0；
　　U20.0；
　　W78.0；
　　U-36.0；
M99；

§5—5 综合加工实例

[**实例5—1**]　加工如图5—45所示零件。毛坯为φ52棒料，工件不切断。

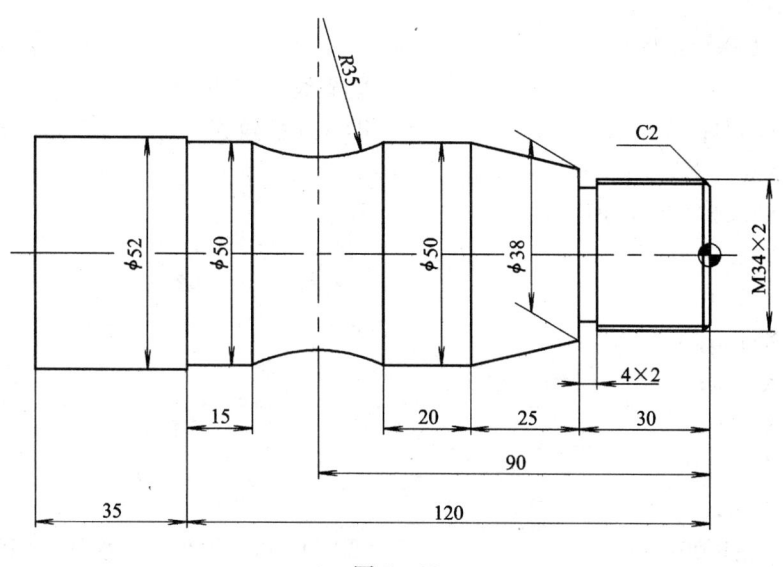

图 5—45

程序：
O0023；
N1；　　　　　　　　　　　车外形
　　G40 G97 G99 S500 M03 T0101；　T0101 粗车刀
　　G00 X53.0 Z5.0 M08；
　　G71 U2.0 R0.5；

```
        G71 P10 Q20 U0.4 W0.2 F0.2;
N10 G00 G42 X0;
    G01 Z0 F0.15;
        X33.8 C-2.0;                        平端面，倒角
        Z-30.0;
        X38.0;
        X50.0 W-25.0;
        Z-120.0;
N20 G40 X53.0;
    G00 X150.0 Z200.0;                      换刀点
        T0202 S600;                         T0202 精车刀，刀尖 R0.2
    G00 X53.0 Z5.0;
    G70 P10 Q20;
    G00 X150.0 Z200.0;
N2;                                         切槽
        T0303 S400;                         T0303 切刀宽 4 mm，左侧刃对刀
    G00 X40.0 Z-30.0;
    G01 X30.0 F0.15;
        X40.0 F0.3;
    G00 X150.0 Z200.0;
N3;                                         切螺纹、切凹圆弧
        T0404;                              T0404 螺纹刀
    G00 X36.0 Z5.0;
    G92 X33.1 Z-28.0 F2.0;
        X32.5;
        X31.9;
        X31.5;
        X31.4;
    G00 X54.0;
        Z-75.0;
        S500;
    M98 P041000;                            调用 O1000 子程序 4 次加工凹圆弧
    G00 X60.0;
        X150.0 Z200.0;
    G28 U0 W0 T0 M05;
    M30;
子程序：
O1000;
        U-1.0 F0.2;
```

```
    G02 U0 W-30.0 R35.0;
        U3.0 F0.5;
        W30.0;
        U-3.0;
    M99;
```

[**实例 5—2**]　完成图 5—46 所示零件的内外型腔加工。毛坯为 φ102 圆棒料，工件切断。

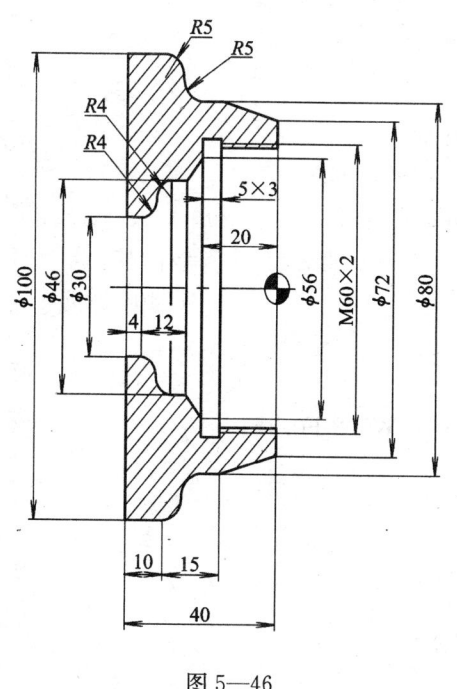

图 5—46

程序：
```
O0024;
N1;                                      钻 φ28 孔
    G40 G97 G99 S400 M03 T0101;          φ28 钻头
    G00 X0 Z5.0 M08;
    G74 R0.5;                            退刀量 0.5 mm
    G74 Z-50.0 Q8000 F0.1;               每次切深 8 mm
    G00 X150.0 Z200.0;
N2;                                      车外形
    T0202 S500;                          粗车刀
    G00 X104.0 Z5.0;
    G71 U2.0 R0.5;
    G71 P10 Q20 U0.4 W0.2 F0.2;
N10 G42 X27.0 F0.15;
    G01 Z0;
```

```
            X72.0;
            X80.0 Z-15.0;
            Z-20.0;
        G02 X90.0 Z-25.0 R5.0;
        G03 X100.0 Z-30.0 R5.0;
        G01 Z-45.0;
    N20 G40 X104.0;
        G00 X150.0 Z200.0;
            T0303;                          精车刀
        G00 X104.0 Z5.0;
        G70 P10 Q20;
        G00 X150.0 Z200.0;
    N3;                                     镗内腔
            T0404 S600;                     T0404 镗刀
        G00 X27.0 Z5.0;
        G71 U2.0 R0.5;
        G71 P30 Q40 U-0.4 W0.2 F0.15;
    N30 G00 G41 X57.4;
        G01 Z0 F0.05;
            Z-20.0;
            X56.0;
            X46.0 Z-24.0;
            Z-28.0;
        G03 X38.0 W-4.0 R4.0;
        G02 X30.0 W-4.0 R4.0;
        G01 Z-42.0;
    N40 G40 X26.0;
        G70 P30 Q40;
        G00 X150.0 Z200.0;
        N4;                                 切退刀槽
            T0505 S400;                     内切刀宽5 mm，左侧刃对刀，内切刀
        G00 X50.0;
        G01 Z-20.0 F0.2;
        G01 X66.0 F0.15;
            X50.0 F0.3;
            Z200.0;
        G00 X150.0;
        N5;                                 车削内螺纹
            T0606;                          内螺纹刀
```

```
    G00 X56.0 Z5.0;
    G92 X58.0 Z-17.5 F2.0;
        X58.5;
        X59.0;
        X59.5;
        X60.0;
    G00 X150.0 Z200.0;
N6;                                          切断
    T0707;                                   切断刀,刀宽5 mm,左刀刃对刀
    G00 X105.0 Z-45.0;
    G75 R0.5;
    G75 X26.0 P8000 F0.05;
        W0.1;
    G01 X105 F0.4;
    G28 U0 W0 T0 M05;
    M30;
```

[**实例5—3**] 完成图5—47所示工件的加工（图示 A～E 点坐标需计算得到）。毛坯为 φ45 棒料，要求切断。

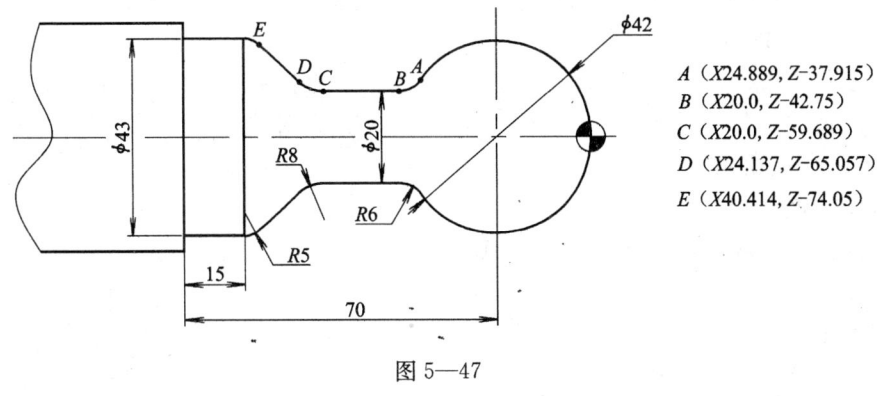

A (X24.889, Z-37.915)
B (X20.0, Z-42.75)
C (X20.0, Z-59.689)
D (X24.137, Z-65.057)
E (X40.414, Z-74.05)

图 5—47

程序：
```
O0025;
N1;                                          去圆弧余量
    G40 G97 G99 S500 M03 T0101;              T0101 为 90°偏刀
    G00 X47.0 Z2.0;
    G71 U2.0 R0.5;
    G71 P10 Q20 U0.4 W0.2 F0.2;
N10 G00 X0;
    G03 X42.0 Z-19.0 R21.0;
    G01 X43.0;
        Z-96.0;
```

N20	X47.0;	
	G01 X43.0;	车 φ43 外圆到尺寸
	Z—91.0;	
	G00 X47.0;	
	X150.0 Z200.0;	
N2;		切凹槽余量
	T0202;	切刀刀宽 5 mm, 刀具补偿数据在 02 号寄存器中, 左刀刃对刀
	G00 X44.0 Z—53.72;	B 点、C 点 Z 轴方向对称点 Z—51.22 减去 2.5 mm
	G01 X20.4 F0.1;	
	X44.0;	
	G72 W2.0 R0.5;	
	G72 P30 Q40 U0.4 W0.2 F0.15;	
N30	Z—76.0;	
	G01 X43.0;	
	G02 X40.414 Z—74.05 R5.0;	E 点
	G01 X24.137 Z—65.057;	D 点
	G03 X20.0 Z—59.689 R8.0;	C 点
N40 G01 Z—55.0;		
	T0203;	刀具补偿数据在 03 号寄存器中, 右刀刃对刀
	Z—50.0;	
	G72 W2.0 R0.5;	
	G72 P50 Q60 U0.4 W—0.4 F0.15;	
N50 G01 Z—21.0;		
	X42.0;	
	G03 X24.889 Z—37.915 R21.0;	A 点
	G02 X20.0 Z—42.75 R6.0;	B 点
N60 G01 Z—50.0;		
	G00 X150.0 Z200.0;	
N3;		精车圆球及凹槽
	T0404;	T0404 成形刀, R 为 4 mm
	G00 Z15.0;	
	G42 X0 Z10.0;	
	G02 X0 Z0 R5.0;	圆弧切入, 无接刀痕迹
	G03 X24.889 Z—37.915 R21.0;	A 点
	G02 X20.0 Z—42.75 R6.0;	B 点
	G01 Z—59.689;	C 点

```
G02 X24.137 Z-65.057 R8.0;            D 点
G01 X40.414 Z-74.05;                  E 点
G03 X43.0 Z-76.0 R5.0;
G02 X53.0 Z-81.0 R5.0;                圆弧切出,无接刀痕迹
G01 G40 X100.0;
G28 U0 W0 T0 M05;
M30;
```

[**实例 5—4**] 完成图 5—48 所示零件的加工。毛坯为 φ52 棒料。

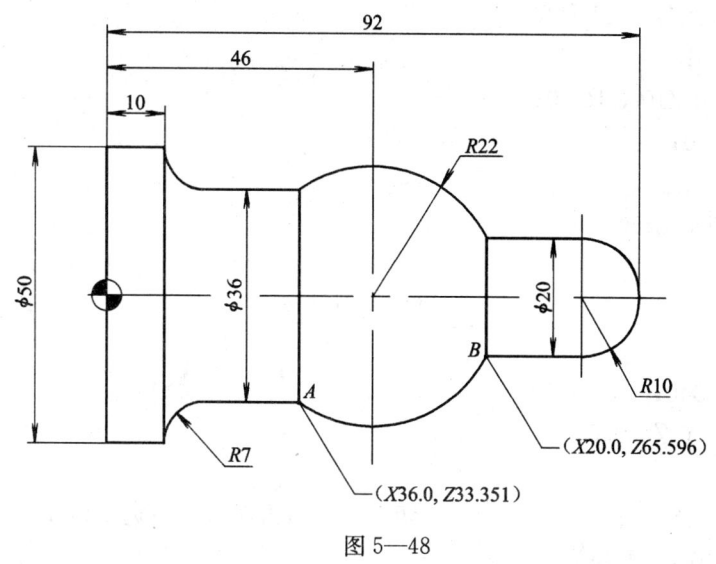

图 5—48

程序:
```
O0026;
N1;
    G40 G97 G99 S600 M03 T0101;       90°偏刀粗车
    G00 X53.0;
        Z97.0 M08;
    G71 U2.0 R0.5;
    G71 P10 Q20 U0.4 W0.2 F0.2;
N10     X0;
        Z94.0;
        X24.0;
        Z70.0;
        X46.0;
        Z15.0;
N20     X55.0;
    G00 X150.0 Z260.0;
N2;                                    去除轮廓余量
```

```
            T0202;                      90°偏刀，应注意凹槽处的干涉，刀尖 R0.2
     G00 X65.0 Z92.0;
     G73 U5.0 W0 R5;                    X 轴方向退出量 10 mm，切 5 刀
     G73 P30 Q40 U0.4 W0.2 F0.15;
N30  G42 X0;
     G01 Z92.0 F0.15;
     G03 X20.0 Z82.0 R10.0;
     G01 Z65.596;
     G03 X36.0 Z33.351 R22.0;
     G01 Z17.0;
     G02 X50.0 Z10.0 R7.0;
     G01 Z-5.0;
N40  X55.0;
     G00 X150.0 Z260.0;
N3;
            T0303;                      90°偏刀精车
     G00 X55.0 Z97.0;
     G70 P30 Q40;
     G00 X150.0 Z260.0;
N4;
            T0404 S400;                 切刀，左刀刃对刀，刀宽 4 mm
     G00 X55.0 Z-4.0;
     G75 R0.5;
     G75 X0 P8000 F0.1;
        W0.1;
     G01 X55.0 F0.3;
     G00 Z100.0;
     G28 U0 W0 T0 M05;
     M30;
```

复习题

1. 什么是半径编程和直径编程？
2. 什么是数控车削加工的恒切削速度功能？
3. 刀尖半径补偿的作用是什么？
4. 假想刀尖圆弧位置有哪几个？常用的刀具有哪几种？
5. 如何合理使用单一形状固定循环和多重复合循环？
6. 完成题图 5—1 所示零件的粗、精车（毛坯 ϕ50、工件不切断）。
   提示：G71、G70、G92 指令。

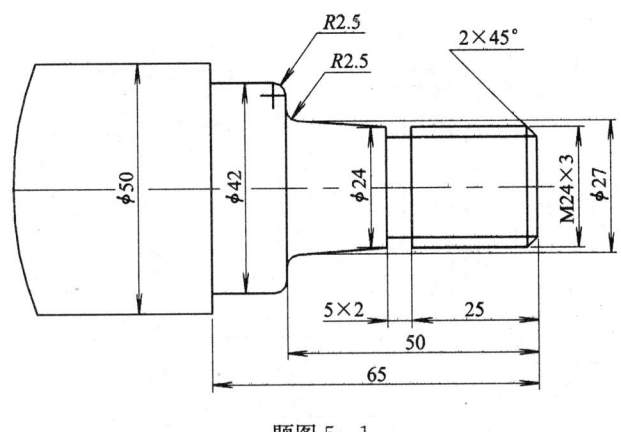

题图 5—1

7. 完成题图 5—2 所示零件的粗、精车（毛坯 φ50、工件不切断）。
   提示：G71、G70、G92 指令。

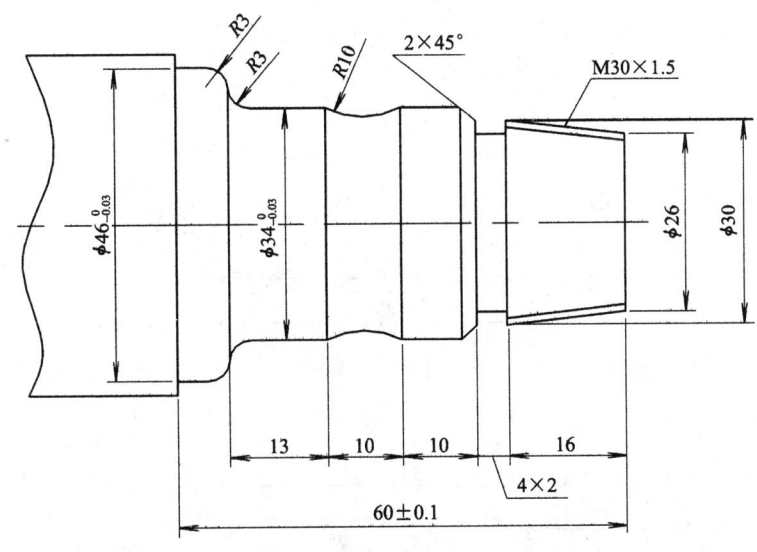

题图 5—2

8. 完成题图 5—3 所示零件的粗、精车（毛坯 φ50、工件不切断）。
   提示：G71、G70 指令，切槽使用子程序。

9. 完成题图 5—4 所示零件内外型腔的粗、精车（毛坯 φ105）。
   提示：G71、G70、G92 指令。

10. 完成题图 5—5 所示零件内外型腔的粗、精车（毛坯 φ95）。
    提示：G71、G70 指令。

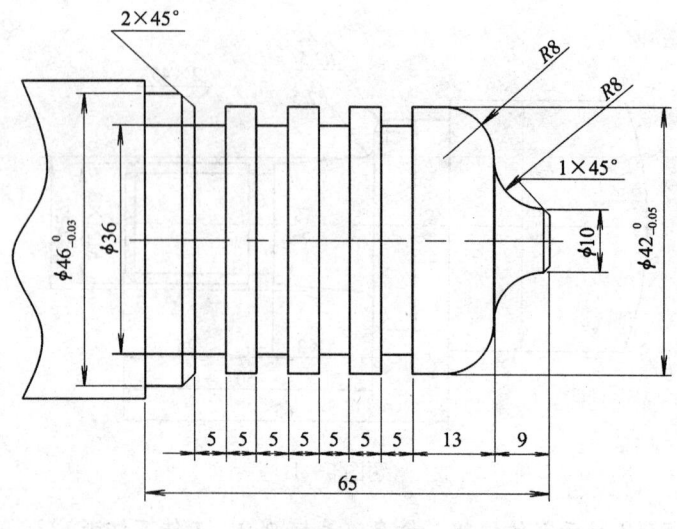

题图 5—3

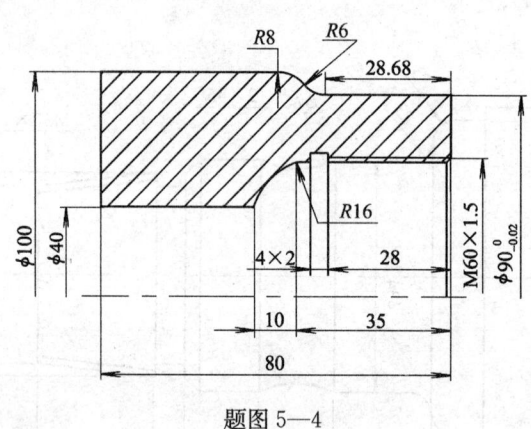

题图 5—4

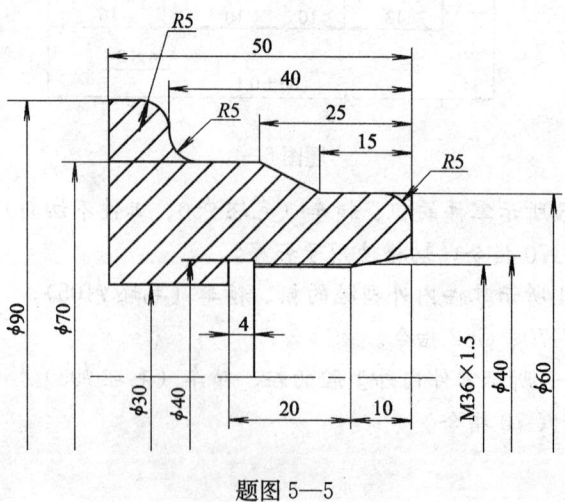

题图 5—5

11. 完成题图 5—6 所示零件内外型腔的粗、精车（毛坯 φ80）。
    提示：G71、G70 指令，切外圆凹槽使用 G72 指令。
12. 完成题图 5—7 所示零件的粗、精车（毛坯 φ45）。
    提示：G71、G70、G72 指令。
13. 完成题图 5—8 所示零件的粗、精车（毛坯 φ35）。
    提示：G73、G70 指令或使用子程序。

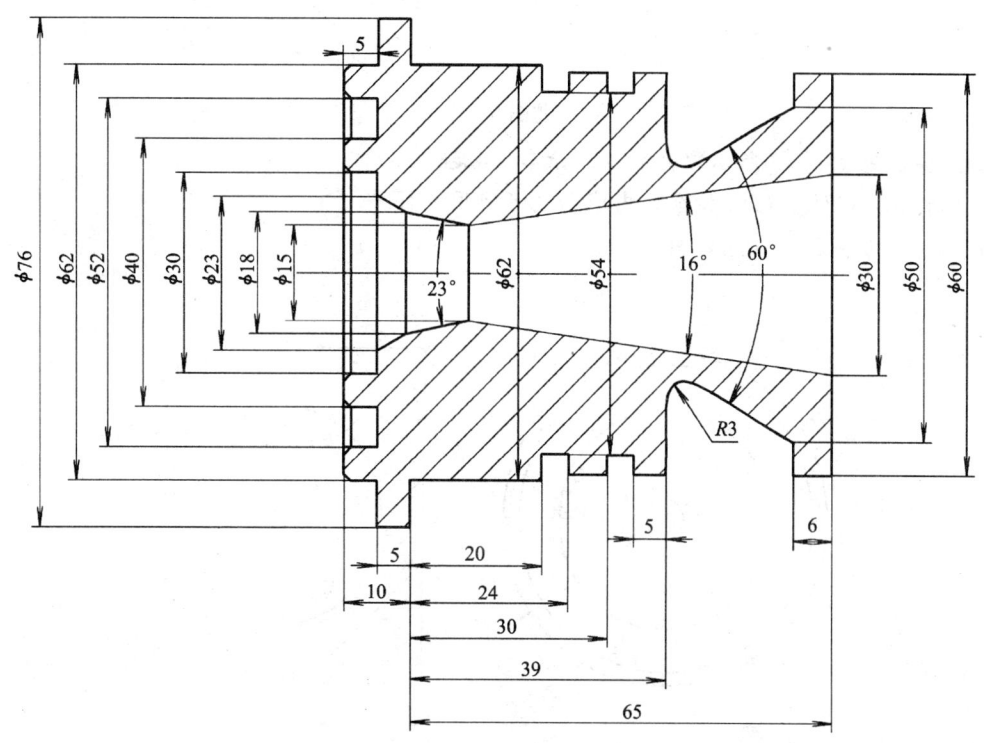

题图 5—6

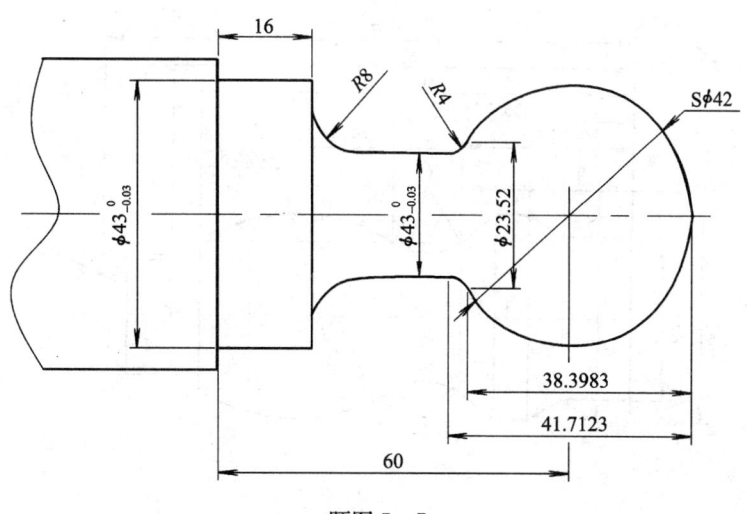

题图 5—7

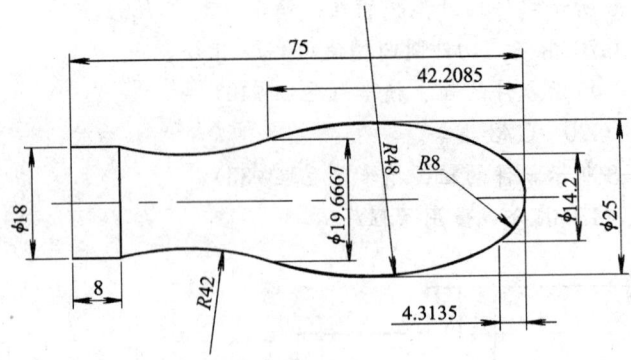

题图 5—8

14. 完成题图 5—9 所示零件的粗、精车（毛坯 $\phi75$）。

    提示：G71、G70 指令，内球面也可使用子程序。

15. 综合零件加工（见题图 5—10）。

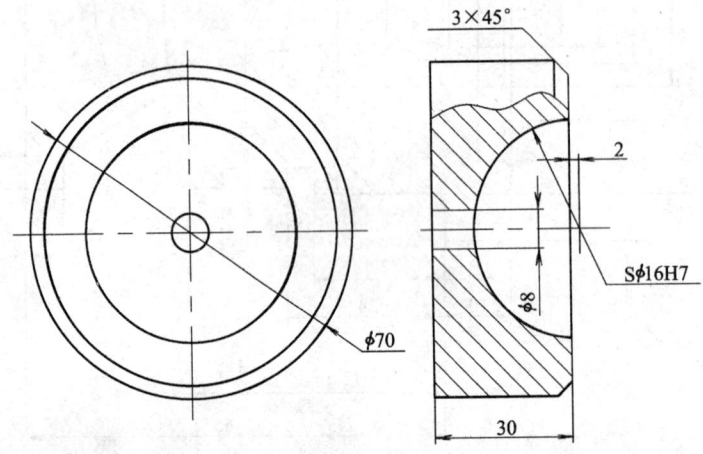

题图 5—9

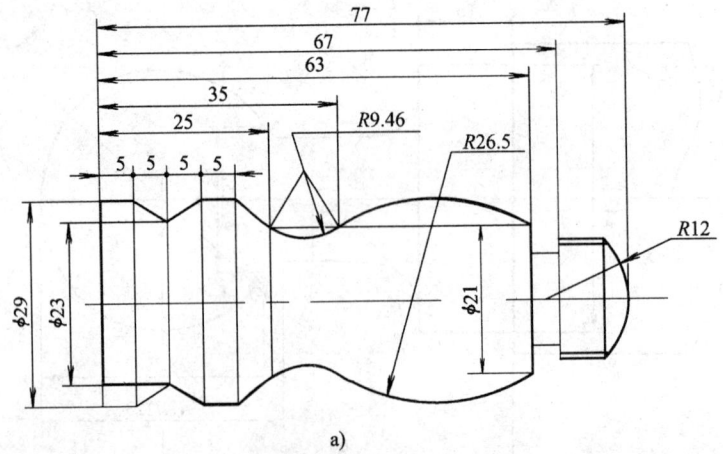

a)

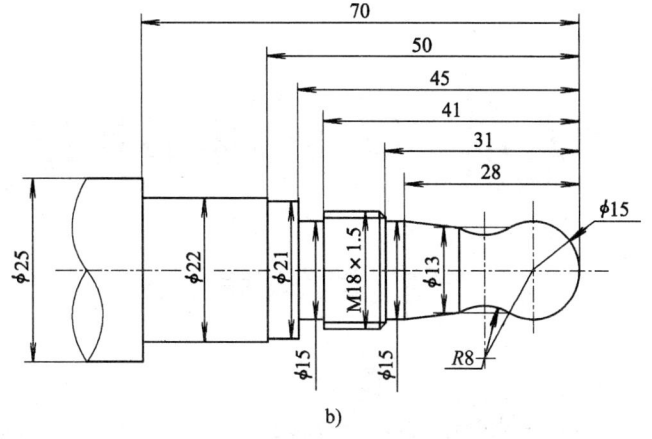

b)

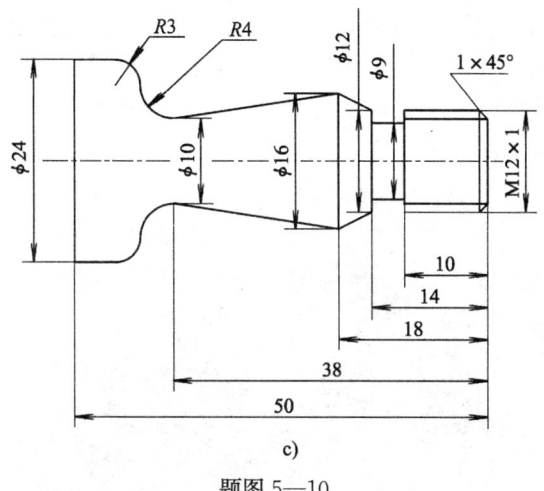

c)

题图 5—10

第六章 数控车床的操作

§6—1 数控车床概述

一、数控车床种类

数控车床分为立式数控车床和卧式数控车床两种类型,立式数控车床用于回转直径较大的盘类零件的车削加工;卧式数控车床用于轴向尺寸较大或小型盘类零件的车削加工。

数控车床一般具有两轴联动功能,Z 轴是与主轴平行方向的运动轴,X 轴是在水平面内与主轴垂直方向的运动轴。另外,在最新的车削加工中心中增加了 C 轴(绕 Z 轴旋转)和动力头,可控制 X、Z 和 C 三个坐标轴,联动控制轴可以是 (X, Z)、(X, C) 或 (Z, C)。数控车削加工中心除可进行一般车削外,还可进行径向、轴向铣削,曲面铣削,中心线不在零件回转中心的孔和径向孔的钻削等加工。图 6—1 所示为数控车床外形图。

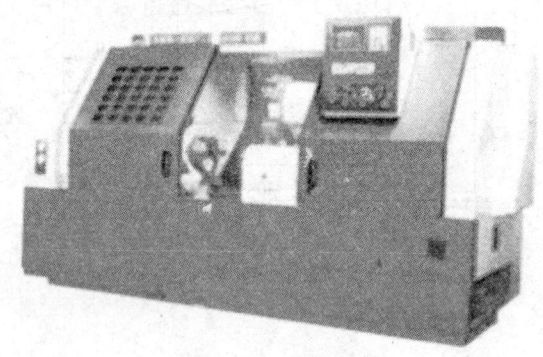

图 6—1 数控车床

二、数控车床的布局形式

数控车床的床身结构和导轨有多种形式,主要有水平床身、倾斜床身以及水平床身斜滑板等,如图 6—2 所示。一般中小型数控车床多采用倾斜床身或水平床身斜滑板结构。倾斜床身外形美观,占地面积小,易于排屑和切削液的排流,便于操作者操作与观察,易于安装上下料机械手,可实现全面自动化,而且可采用封闭截面整体结构,提高了床身的刚度。床身导轨倾斜度多为 45°、60°和 70°,但倾斜角度太大会影响导轨的导向性及受力情况。水平床身加工工艺性好,其刀架水平放置,有利于提高刀架的运动精度,但这种结构其床身下部空间小,排屑困难。水平床身斜滑板兼具水平床身和倾斜床身的特点,应用较多。

床身导轨常采用宽支撑 V—平形导轨,滚珠丝杠位于导轨之间。

数控车床多采用自动回转刀架来夹持各种不同用途的刀具,它的回转轴线与主轴轴线平行。刀架的工位数量多采用 6、8、10 或 12 位。

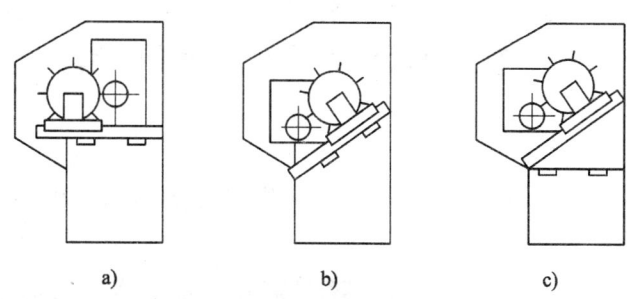

图 6—2 数控车床的布局形式
a) 水平床身 b) 倾斜床身 c) 水平床身斜滑板

三、数控车床典型结构

1. 液压卡盘和液压尾架　液压卡盘和液压尾架是数控车床在进行车削加工时夹紧工件的重要附件，具有夹紧稳定可靠的特点，现代数控车床尾架可实现程序控制。

2. 数控车床的刀架系统

（1）回转刀架。回转刀架如图 6—3 所示，图 6—3a 所示为四位方刀架。图 6—3b 所示为回转刀架，刀具沿圆周方向安装在刀架上，可以安装径向车刀、轴向车刀。

图 6—3 回转刀架
a) 四位方刀架 b) 回转刀架

（2）铣削动力头。数控车床刀架安装铣削动力头后，可扩展数控车床加工能力。图6—4 所示为铣削动力头以及加工零件的切削状态。

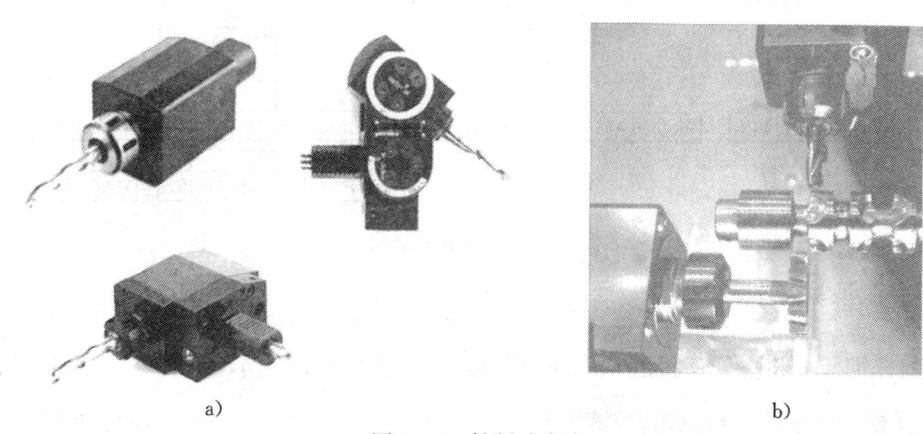

图 6—4 铣削动力头
a) 铣削动力头 b) 加工零件的切削状态

§6—2 数控车床操作（FANUC 系统）

一、控制面板

控制面板由 1 CRT 面板、2 MDI 键盘、3 机床操作面板组成，如图 6—5 所示。CRT 的结构如图 6—6 所示。

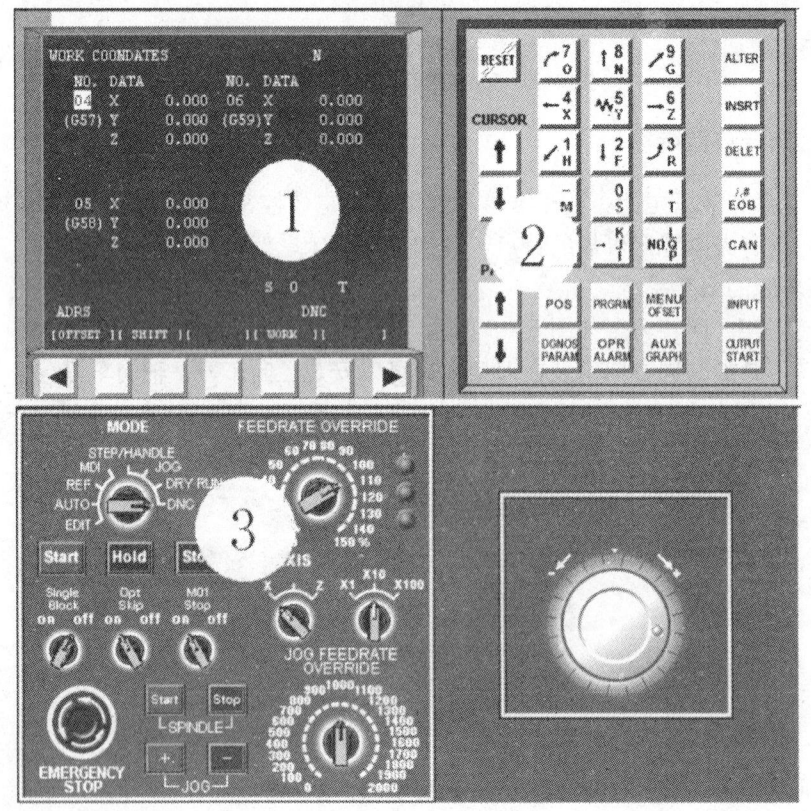

图 6—5 控制面板

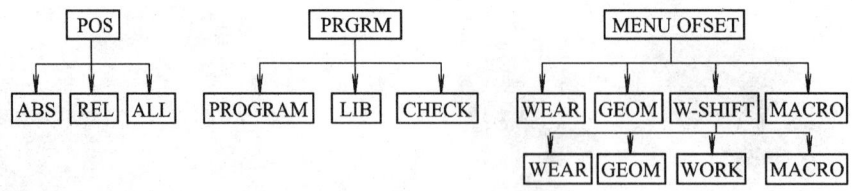

图 6—6 CRT 的结构

二、手动操作方式

1. 机床回零　将操作面板的"MODE"旋钮拨到"REF"挡，扳转 X、Z 轴的控制旋钮选择相应坐标轴，再点击 的"+"按钮，此时所选择坐标轴将回零，相应操作面板上坐标轴的回零指示灯亮，同时 CRT 上的坐标发生变化，显示出机床零点坐标值。

2. 手动/连续加工

(1) 将控制面板上"MODE"旋钮切换到"JOG"上。

(2) 配合移动按钮 ▣ ▣，X、Z 轴的控制旋钮 ◉，步进量调节旋钮 ◉，快速准确地调节机床。

(3) 点击 ▣ ▣，控制主轴的转动、停止。

3. 手动/单步加工

(1) 在手动连续加工时或在对基准时，需精确调节机床，可单步调节机床。

(2) 将控制面板上"MODE"旋钮切换到"STEP/HANDLE"上，"STEP"是点动；"HANDLE"是手轮移动。

(3) 配合移动按钮 ▣ ▣ 和步进量调节旋钮 ◉ 单步调节机床或使用手轮 ◉ 调节机床。其中，"×1"为 0.001 mm，"×10"为 0.01 mm，"×100"为 0.1 mm。

(4) 点击按钮 ▣ ▣，控制主轴的转动、停止。

三、MDI 方式（手动数据输入方式）

1. 将控制面板上"MODE"旋钮切换到"MDI"上，进行 MDI 操作。

2. 在 MDI 键盘上按 ▣ 键，进入编辑页面。

3. 输写数据指令：在输入键盘上点击数字/字母键，第一次点击为字母输出，其后点击均为数字输出。可以做取消、插入、删除等修改操作，具体操作方法参见程序编辑。

4. 按数字/字母键键入字母"O"，再键入程序编号，但不可以与已有的程序编号重复。

5. 输入程序后，用回车换行键 ▣ 结束一行的输入后换行。

6. 移动光标：按"PAGE"上下方向键翻页，按 ▣▣ 键移动光标。

7. 按 ▣ 键，删除输入域中的数据；按 ▣ 键，删除光标所在的代码。

8. 按 ▣ 键，输入所编写的数据指令。

9. 输入完整数据指令后，按运行控制按钮 ▣ 运行程序。

10. 用 ▣ 键清除输入的数据。

四、编辑方式

FANUC 系统的编辑方式见表 6—1。

表 6—1　　　　　　　　　　　FANUC 系统编辑方式

项目	"MODE"旋钮	CRT/MDI 面板操作说明	备注
显示数控程序目录	"EDIT"	按 ▣ 键；按软键"Lib"	

续表

项目	"MODE"旋钮	CRT/MDI 面板操作说明	备注
选择一个数控程序	"EDIT"或"AUTO"	按 PRGRM 键；按 键键入字母"O"；按数字键键入搜索的号码：××××；按"CURSOR" ↓ 键开始搜索。找到后，"O××××"显示在屏幕右上角程序编号位置，NC 程序显示在屏幕上	
回到数控程序首部	"EDIT"或"AUTO"	按 PRGRM 键；按 键键入字母"O"；按"CURSOR" ↓ 键	或者按 RESET 键
删除一个数控程序	"EDIT"	按 PRGRM 键；按 键键入字母"O"；按数字键键入要删除的程序的号码：××××；按 DELETE 键	
删除全部数控程序	"EDIT"	按 PRGRM 键；按 键键入字母"O"；按 键键入"－"；按 键键入"9999"；按 DELETE 键	
搜索一个指定的代码	"EDIT"	按 PRGRM 键，输入需要搜索的字母或代码；按"CURSOR" ↓ 键开始在当前数控程序中搜索	代码可以是一个字母或一个完整的代码。例如："N0010""M"等
MDI 方式输入和运行程序	"MDI"	按 PRGRM 键进入程序编辑页面；按数字/字母键将数据输入输入域，按 INPUT 键输入；再按 Start 键开始运行。按 RESET 键可清除数据	
编辑 NC 程序	"EDIT"	按 PRGRM 键移动光标；按"PAGE" ↓ 或 ↑ 键翻页；按"CURSOR" ↓ 或 ↑ 键移动光标；按数字/字母键将数据输入输入域；按 CAN 键删除输入域中的数据 删除、插入、替代：按 DELETE 键，删除光标所在的代码 按 INSRT 键，把输入域的内容插入到光标所在代码后面 按 ALTER 键，用输入域的内容替代光标所在的代码	删除、插入、替换操作

续表

项目	"MODE"旋钮	CRT/MDI 面板操作说明	备注
通过 MDI 键盘手工输入 NC 程序	"EDIT"	按 PRGRM 键；按 O 键键入字母"O"；按数字键键入程序编号，但不可以与已有的程序编号重复；按 INSRT 键，开始程序输入；按回车换行键 EOB 结束一行的输入后换行	输入程序，每次可以输入一个代码；方法见编辑 NC 程序中的输入数据操作和删除、插入、替换操作
从计算机输入一个数控程序	"DNC"	在计算机中选择数控程序文件；在机床面板上按 PRGRM 键；按数字键输入程序编号"O××××"；按 INPUT 键，读入数控程序	计算机与机床须用数据线连接
向计算机输出数控程序	"EDIT"	按 PRGRM 键，按 OUTPUT/START 键，在对话框中输入文件名，按"保存"按钮	计算机与机床须用数据线连接

五、自动加工

1. 先将机床回零。
2. 选择数控程序或自行编写一程序。
3. 将控制面板上"MODE"旋钮切换到"AUTO"上，进入自动加工模式。
4. 选择单步开关"Single Block"置"ON"上，运行程序时每次执行一条指令。
5. 选择跳过开关"Opt Skip"置"ON"上，数控程序中的跳过符号"/"有效。
6. 将 M01 开关"M01 Stop"置于"ON"位置上，"M01"代码有效。
7. 根据需要调节进给速度调节旋钮"FEEDRATE OVERRIDE"，调节数控程序运行的进给速度，调节范围从 0%~150%。
8. 按"Start""Hold""Stop"按钮，控制其开始、暂停、停止。
9. 若此时将控制面板上"MODE"旋钮切换到"DRY RUN"（空运行）上，则表示此时是以 G00 速度进给。

六、工作坐标系设定

1. 工作坐标系设定

方法一：用 G50 设定工作坐标系。

格式：G50 X (a) Z (b);

用上述程序段设定工作坐标系，则在执行此程序段之前必须先进行对刀，通过调整机床，将刀尖放在程序所要求的起刀点位置（a、b）上。

（1）返回机床原点，建立机床坐标系。

（2）试切测量。

1) 用 MDI 方式操作机床，用基准刀在工件外圆试切一刀，Z 轴方向退刀，记录 CRT

上显示的刀具在机床坐标中的 X 轴方向上的坐标值 Xt，并测量工件直径 D。

2）同样方式在工件右端面试切一刀，X 轴方向退刀，记录坐标值 Zt，并测量试切端面至工作原点的距离尺寸 L 的长度。

（3）对刀。根据以上数值，手动使刀具移至 CRT 所显示的刀具在机床坐标系中的坐标值为 $(Xt+a-D, Zt+b-L)$ 为止。这样，就实现了将刀尖放在程序所要求的起刀点位置 (a, b) 上。

注：若工作原点在工件右端面上，则 Z 值为 $Zt+b$。

（4）建立工作坐标系。若执行程序段为"G50 X (a) Z (b);"，则 CRT 将会立即变为显示当前刀尖在工作坐标系中的位置 (a, b)，数控系统用新建立的工作坐标系取代了前面建立的机床坐标系。

方法二：用 G54～G59 设定工作坐标系。

（1）使用基准刀具对刀后，测得试切后工件外圆 a 及编程原点到工件右端面距离 b 值。

（2）将 CRT 上 X、Z 显示值分别减去 a、b 值后，输入到零点偏置的 G54～G59 中相应的 X、Z 值处。

注：也可用直接对刀的方法设定工作坐标系（实际加工中应用较多），具体方法见刀具补偿参数设置。

2. G54～G59 参数设置

（1）按"MENU OFSET"键，进入参数设定页面。

（2）用"PAGE" ↓ 或 ↑ 键在 No1～No3 坐标系页面和 No4～No6 坐标系页面（如图 6—7 所示）之间切换。

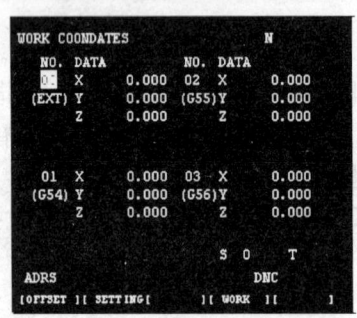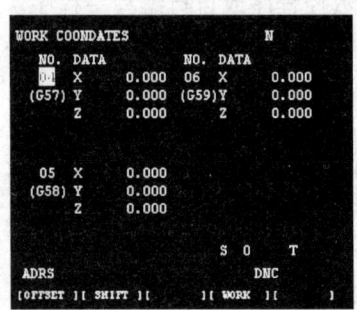

图 6—7　No1～No6 分别对应 G54～G59

（3）用"CURSOR" ↓ 或 ↑ 键选择坐标系。

（4）按数字键输入地址字 X、Z 和数值到输入域。

（5）按"INPUT"键，把输入域中的内容输入到指定的位置。

七、车床刀具补偿参数

1. 刀具形状补偿参数（OFFSET/GEOMETRY）

（1）选用实际使用的刀具用手动方式切削工件，实测刀具切削后的直径 D 及刀具距离工件右端面的数值 L。

（2）按"MENU OFSET"键两次，进入参数设定页面。

（3）用"PAGE" ↓ 或 ↑ 键选择补偿参数页面，如图 6—8 所示。

(4) 用"CURSOR" ↓ 或 ↑ 键选择补偿参数编号。

(5) 输入补偿值到输入域,按"MX"键输入测量值 D,按"MZ"键输入测量值 L(须加负号)。

(6) 按"INPUT"键,把输入域中的补偿值输入到指定的位置。此时工作零点也被直接设定在工件右端面与轴线交点外。

注:用输入刀具补偿值的方法可直接设定工作坐标系,编程时可不用 G50 或 G54~G59;若使用 G50 或 G54~G59 设定工作坐标系,应将基准刀具 MX、MZ 设为零,其余刀具则输入与基准刀具的差值(机床坐标系中数值)。

2. 输入磨损量补偿参数(OFFSET/WEAR)

(1) 按"MENU OFSET"键进入参数设定页面。

(2) 用"PAGE" ↓ 或 ↑ 键选择刀具补偿参数页面,如图 6—9 所示。

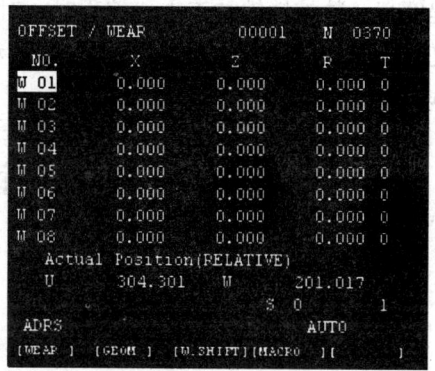

图 6—8　　　　　　　　　　图 6—9

(3) 用"CURSOR" ↓ 或 ↑ 键选择补偿参数编号。

(4) 输入补偿值到输入域。

(5) 按"INPUT"键,把输入域中的补偿值输入到光标所在行。

注:例如,工件直径实测值大于 0.1,则将相应刀具磨损量补偿输入 X-0.1,长度偏差也可用刀具磨损量加以解决。此时可重新运行程序,自动加工后即可保证工件尺寸。

复 习 题

1. 数控车床与车削加工中心的区别有哪些?
2. 数控车床的布局形式有哪几种?各有什么特点?
3. 铣削动力头有何作用?
4. 数控机床有哪几种操作方式?
5. 编辑方式有何作用?
6. 在自动加工方式下可完成机床哪几种操作?
7. 工作坐标系如何设定?
8. 刀具补偿参数如何获得?

第七章 数控镗铣加工中心的编程

数控镗铣床与数控镗铣加工中心在数控机床中所占的比重较大,应用也最为广泛。数控镗铣床与数控镗铣加工中心的主要区别在于数控镗铣加工中心是带有刀库和自动换刀装置的数控镗铣床。因此,数控镗铣加工中心的编程方法除换刀程序外,其他均与普通数控镗铣床相同。

数控镗铣加工中心集中了铣削、镗削、钻孔、攻螺纹和切螺纹等功能,生产效率和自动化程度高。数控镗铣加工中心编程时,对具有复杂曲线轮廓的外形铣削、复杂型腔铣削和三维复杂型面的铣削加工须采用自动编程。本章介绍数控镗铣加工中心基本编程指令(FANUC 系统)及手工编程方法。

§7—1 数控镗铣加工中心常用指令

一、工作坐标系的确定

1. 工作坐标系设定指令 G92

格式:G92 X __ Y __ Z __;

例 7—1 G92 X200.0 Y200.0 Z200.0;

含义:刀具起刀点位于工作坐标系中坐标值为 (X200.0,Y200.0,Z200.0) 的点处。加工时刀具须先位于刀具起刀点处(详见机床操作)。

2. 工作坐标系的原点设置选择指令 G54~G59

如图 7—1 所示,铣凸台时用 G54 设置原点,铣槽用 G55 设置原点,编程时比较方便。工件可设置 G54~G59 共六个工作坐标系原点。工作原点数据值可预先输入机床的偏置寄存器中,编程时不体现,详见机床操作。

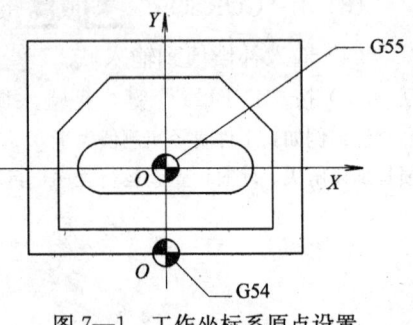

图 7—1 工作坐标系原点设置

二、常用指令

1. 绝对值坐标指令 G90 和增量值坐标指令 G91

(1) 编程时注意 G90、G91 模式间的转换。

(2) 使用 G90、G91 时无混合编程。

2. 平面选择指令 G17、G18、G19 平面选择指令 G17、G18、G19 分别用来指定程序段中刀具的圆弧插补平面和刀具半径补偿平面。其中,G17 指定 XY 平面;G18 指定 ZX 平面；G19 指定 YZ 平面。数控镗铣加工中心初始状态为 G17。

3. 快速点定位指令 G00，直线插补指令 G01

格式：G00 X__ Y__ Z__；
　　　G01 X__ Y__ Z__ F__；

其中，F__为进给速度，初始状态为 mm/min。

例 7—2　G00、G01 指令的使用，如图 7—2 所示路径的编程。

程序：
O0001；
G90 G54 G00 X20.0 Y20.0；
G01 Y50.0 F50；
　　X50.0；
　　Y20.0；
　　X20.0；
G00 X0 Y0；
　　…
　　…

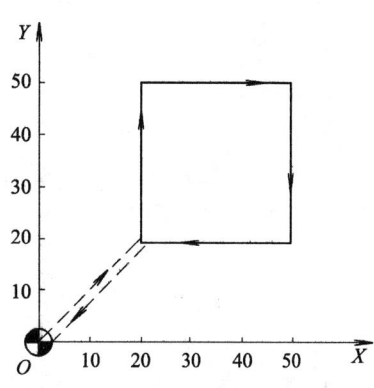

图 7—2　G00、G01 指令的使用

4. 圆弧插补指令 G02、G03

格式：G17 {G02 X__ Y__ / G03} {I__ J__ F__； / R__}

　　　G18 {G02 X__ Z__ / G03} {I__ K__ F__； / R__}

　　　G19 {G02 Y__ Z__ / G03} {J__ K__ F__； / R__}

其中，X__、Y__、Z__为圆弧终点坐标，相对编程时是圆弧终点相对于圆弧起点的坐标；I__、J__、K__为圆心在 X、Y、Z 轴上相对于圆弧起点的坐标；R__为圆弧半径。

现代 CNC 系统中，采用 I、J、K 指令，则圆弧是惟一的；用 R 指令时须规定圆弧角，如圆弧角＞180°时，R 值为负（当然各系统规定有所不同）。一般圆弧角≤180°的圆弧用 R 指令，其余用 I、J、K 指令。

例 7—3　完成图 7—3 所示加工路径的程序编制（刀具现位于 A 点上方，只进行轨迹运动）。

程序：
O2；
G90 G54 G00 X0 Y25.0；
G02 X25.0 Y0 I0 J—25.0；　　A—B 点
G02 X0 Y—25.0 I—25.0 J0；　　B—C 点
G02 X—25.0 Y0 I0 J25.0；　　C—D 点
G02 X0 Y25.0 I25.0 J0；　　D—A 点
或：

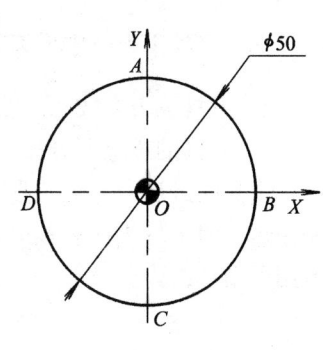

图 7—3

```
G90 G54 G00 X0 Y25.0;
G02 X0 Y25.0 I0 J-25.0;        A—A 点整圆
…
…
```

5. 自动返回参考点指令 G28

格式：G91(或 G90) G28 X__ Y__ Z__;

例 7—4 (1) G91 G28 Z0;
(2) G91 G28 X0 Y0 Z0;   表示刀具从当前点返回参考点
(3) G90 G28 X__ Y__ Z__;   表示刀具经过以工作坐标系为参考的坐标点，容易出现碰撞

6. 暂停指令 G04

格式：G04 $\begin{cases} X\_\_ \\ P\_\_ \end{cases}$

例 7—5 G04 X5.0…   暂停 5s
G04 P5000…   暂停 5s

7. 常用 M 指令

M01——选择停止
M02——程序结束
M03、M04、M05——主轴正转、反转、停转
M08、M09——切削液开、关
M30——程序结束并返回
M98——子程序调用
M99——子程序调用返回（子程序结束）

三、刀具下刀、进退刀方式的确定

1. 刀具下刀方式 Z 轴下刀方式如图 7—4 所示。
2. 刀具的进退刀方式 刀具进退刀方式在铣削加工中是非常重要的，二维轮廓的铣削加工常见的进退刀方式有垂直进刀、侧向进刀和圆弧进刀方式，如图 7—5 所示。垂直进刀路径短，但工件表面有接痕，常用于粗加工；侧向进刀和圆弧进刀，工件加工表面质量高，多用于精加工。

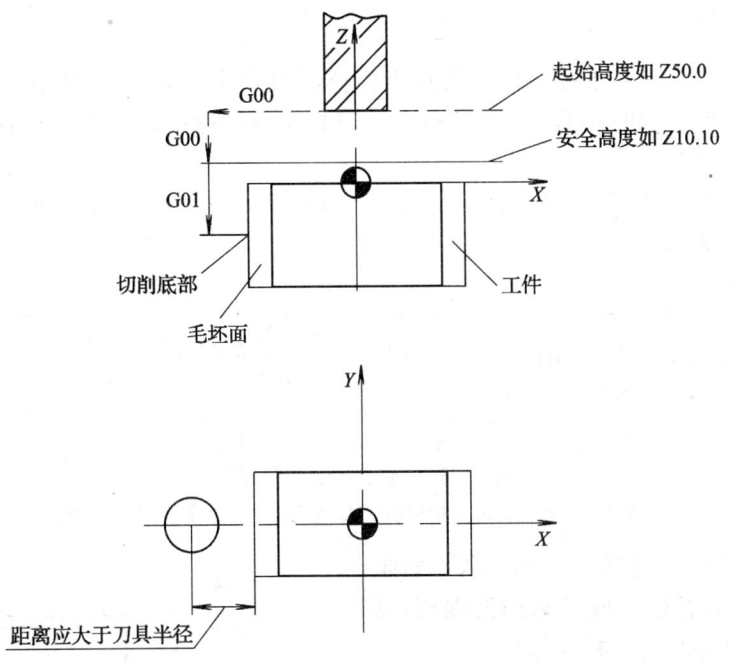

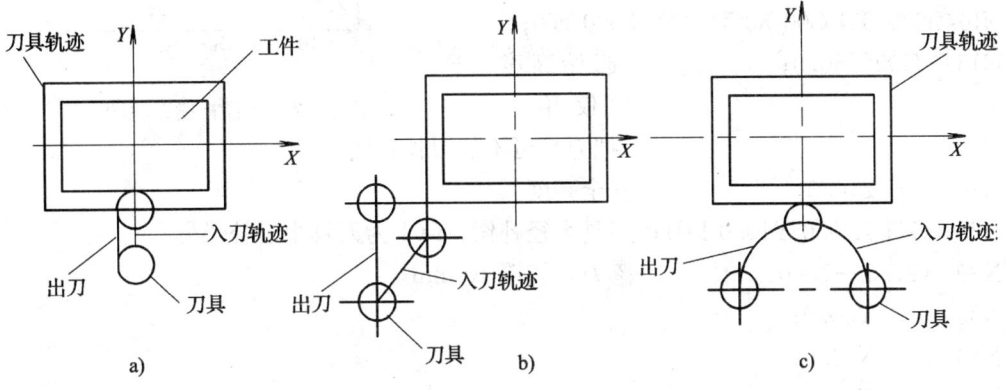

图 7—4 下刀方式

注：①起始高度是为防止刀具与工件发生碰撞而设置的。
②安全高度以下，刀具以工作进给速度切至切削深度。
③如果加工型腔，可在工件加工位置上方直接落刀。用立铣刀须做落刀孔。

图 7—5 刀具的进退刀方式
a) 垂直进刀　b) 侧向进刀　c) 圆弧进刀

§7—2 刀具补偿

铣削加工中，不同的刀具，其半径、长度是不同的。刀具零点是数控镗铣类机床主轴装刀锥孔端面与轴线的交点，是刀具半径、长度的零点。编程时为了编程方便，按工件轮廓轨迹编制程序。执行程序时的走刀轨迹实际上是刀具零点的轨迹，因此使用不同的刀具时，应进行刀具半径及长度的补偿。

一、刀具半径补偿

1. **不同平面内的刀具半径补偿**　刀具半径补偿用 G17、G18、G19 指令在被选择的工作平面内进行补偿。比如当 G17 命令执行后，刀具半径补偿仅影响 X、Y 轴移动，而对 Z 轴不起补偿作用。

2. **刀具半径左补偿 G41、刀具半径右补偿 G42 指令**　G41、G42 指令的判定同数控车床一样，如图 7—6 所示。

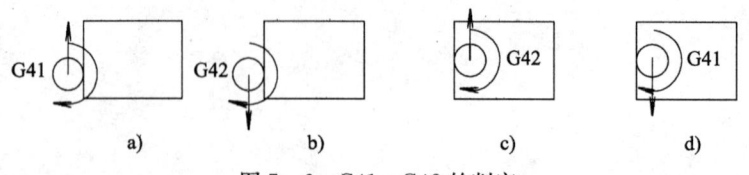

图 7—6　G41、G42 的判定

注：主轴顺时针转时，G41 为顺铣，G42 为逆铣。数控铣床上常用顺铣。

例 7—6　在 G17 选择的平面（XY 平面）内，使用刀具半径补偿完成轮廓加工编程，如图 7—7 所示（注：长度刀补未加）。

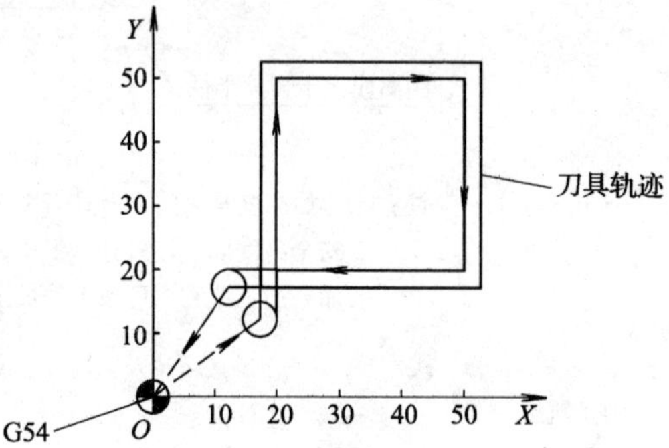

程序：

O0003；

N5　　T1　M06；　　　　　调用 T1 号刀（平底刀）

N10　　G90 G54 G00 X0 Y0 M03 S500 F50；

N15　　G00 Z50.0；　　　　起始高度（仅用一把刀具可不加刀长补偿）

图 7—7　半径补偿刀轨图

N20　　Z10.0；　　　　　　安全高度

N25　　G41 X20.0 Y10.0 D01；刀具半径补偿，D01 为刀具半径补偿号

N30　　G01 Z-10.0；　　　 落刀，切深 10 mm

N35　　Y50.0；

N40　　X50.0；

N45　　Y20.0；

N50　　X10.0；

N55　　G00 Z50.0；　　　　抬刀到起始高度

N60　　G40 X0 Y0 M05；　　取消补偿

N65　　M30；

3. **刀具半径补偿过程描述**　在例 7—6 中，当 G41 被指定时，包含 G41 句子的下面两句被预读（N30、N35）。N25 指令执行完成后，机床的坐标位置由以下方法确定：将含有 G41 句子的坐标点与下面两句子中最近的，在选定平面内有坐标移动语句的坐标点相连，其连线垂直方向为偏置方向，G41 左偏，G42 右偏，偏置大小为指定的偏置号（D01）地址中

的数值,在这里 N25 坐标点与 N35 坐标点运动方向垂直于 X 轴,所以刀具中心的位置应在 (X20.0,Y10.0) 左面刀具半径处。

例 7—7 如图 7—8 所示,起始点在 (X0,Y0),高度为 50 mm 处,使用刀具半径补偿时,由于接近工件及切削工件时要有 Z 轴的移动,这时容易出现过切削现象,切削时应避免过切削现象。以下是一个过切削程序实例。

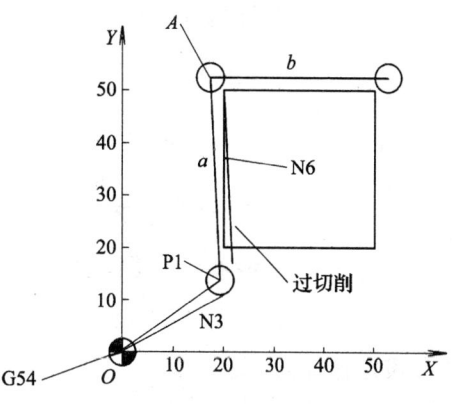

图 7—8 刀具半径补偿的过切削现象

程序:
O0004;
N5   T1 M06;   调用 T1 号刀（平底刀）
N10   G90 G54 G00 X0 Y0 M03 S500;
N15   G00 Z50.0;   起始高度（仅用一把刀具可不加刀长补偿）
N20   G41 X20.0 Y10.0 D01; 刀具半径补偿,D01 为刀具半径补偿号
N25   Z10.0;
N30   G01 Z—10.0 F50;   连续两句 Z 轴移动（只能有一句与刀具半径补偿无关的语句,此时会出现过切削）
N35   Y50.0;
N40   X50.0;
N45   Y20.0;
N50   X10.0;
N55   G00 Z50.0;   抬刀到起始高度
N60   G40 X0 Y0 M05;   取消补偿
N65   M30;

当补偿从 N20 开始建立的时候,系统只能预读两句,而 N25、N30 都为 Z 轴的移动,没有 X、Y 轴移动,系统无法判断下一步补偿的矢量方向,这时系统不会报警,补偿照常进行,只是 N20 的目的点发生变化。刀具中心将会运动到 P1 点,其位置是 N20 的目的点,由目标点看原点,目标点与原点连线垂直方向左偏 D01 值,于是发生过切削。

4. 使用刀具半径补偿注意事项

(1) 使用刀具半径补偿时应避免过切削现象。

1) 使用刀具半径补偿和去除刀具半径补偿时,刀具必须在所补偿的平面内移动,且移动距离应大于刀具补偿值。

2) 加工半径小于刀具半径的内圆弧时,进行半径补偿将产生过切削,如图 7—9 所示,只有过渡圆角 R≥刀具半径 r+精加工余量的情况下才能正常切削。

3) 被铣削槽底宽小于刀具直径时将产生过切削,如图 7—10 所示。

(2) G41、G42、G40 须在 G00 或 G01 模式下使用,现在有一些系统也可以在 G02、G03 模式下使用。

(3) D00～D99 为刀具补偿号,D00 意味着取消刀具补偿。刀具补偿值在加工或试运行

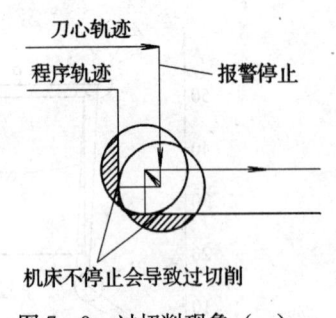
图7—9 过切削现象（一）

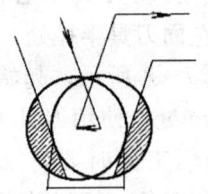
图7—10 过切削现象（二）

之前须设定在补偿存储器中。

5. 刀具半径补偿的作用　刀具半径补偿除方便编程外，还可以用改变刀具半径补偿大小的方法，实现利用同一程序进行粗、精加工。即：

粗加工刀具半径补偿＝刀具半径＋精加工余量

精加工刀具半径补偿＝刀具半径＋修正量

刀具半径补偿如图7—11所示。

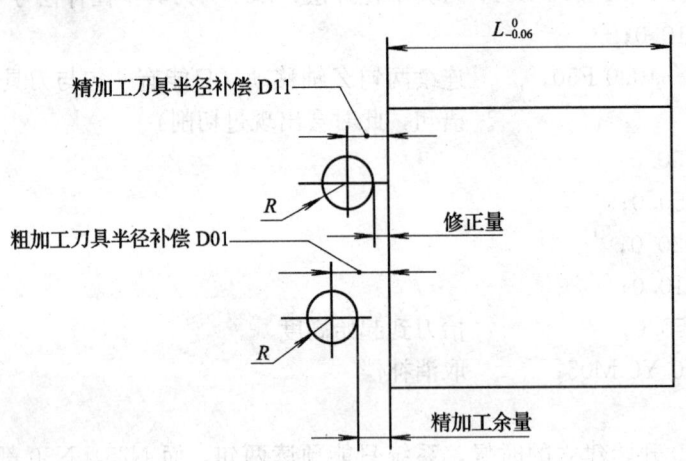

图7—11 刀具半径补偿

例7—8　如图7—11所示，刀具为φ20立铣刀，现零件粗加工后给精加工留余量单边1.0 mm，则粗加工刀具半径补偿D01的值为：

$$R_{补}=R_{刀}+1.0=10.0+1.0=11.0 \text{ mm}$$

粗加工后实测L尺寸为L＋1.98，则精加工刀具半径补偿D11值应为：

$$R_{补}=11.0-(1.98+0.03)/2=9.995 \text{ mm}$$

则加工后工件实际L值为L－0.03。

二、刀具长度补偿

刀具长度补偿原理如图7—12所示。设定工作坐标系时，让主轴锥孔基准面与工件上的理论表面重合，在使用每一把刀具时可以让机床按刀具长度升高一段距离，使刀尖正好在工件表面上，这段高度就是刀具长度补偿值，其值可在刀具预调仪或自动测长装置上测出。实现这种功能的G代码是G43、G44、G49。G43是把刀具向上抬起，G44是使刀具向下补偿。

图7—12中钻头用G43命令正向补偿了H01值,铣刀用G43命令向上正向补偿了H02值。

刀具长度补偿使用格式如下(如图7—13所示):

G43 G0/G01 Z＿ H＿；

G49 取消G43、G44。

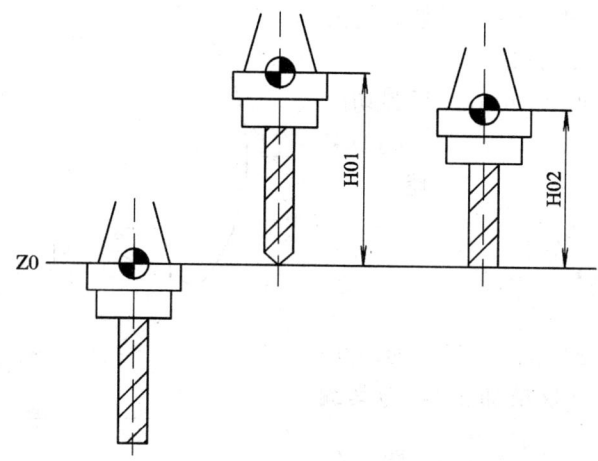

图7—12 刀具长度补偿原理

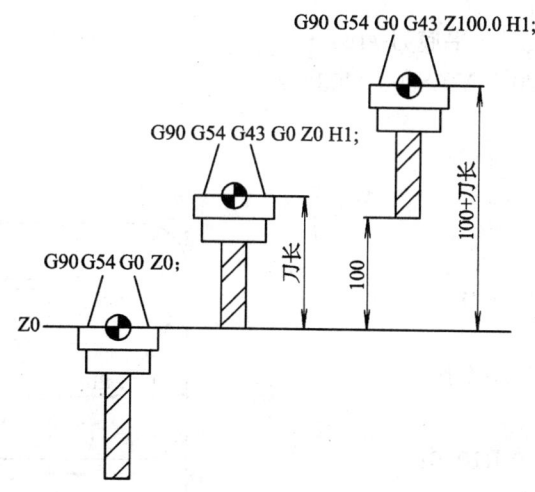

图7—13 刀具长度补偿

三、加工编程实例

[**实例7—1**] 如图7—14所示,起刀点在工件上方50 mm处(起始高度),切深10 mm,完成外形铣削编程。

程序:

O0001

T1 M06;   φ16立铣刀

G90 G54 G00 X0 Y−40.0 S500 M03;

　　Z50.0;

```
        Z10.0；
G01 Z-10.0 F50；
G41 X10.0 D01；              加刀具半
                            径补偿
G03 X0 Y-30.0 R10.0；        圆弧切入
G02 X0 Y-30.0 I0 J30.0；
G03 X-10.0 Y-40.0 R10.0；    圆弧切出
G01 G40 X0；                 去刀具补
                            偿
G00 Z50.0；
G91 G28 Z0 M05；
M30；
```

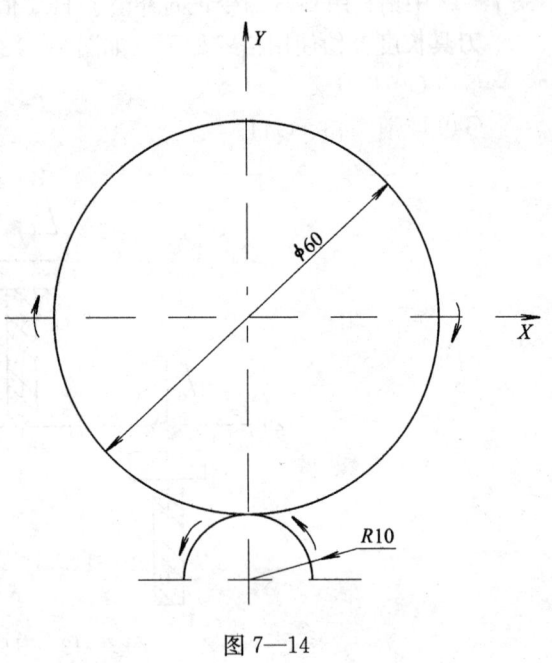

图 7—14

[**实例 7—2**] 完成图 7—15 所示的内侧切削，切深 10 mm（仅精加工），为其编制加工程序。

程序：

```
O0002；
T1 M06；                    平底刀 φ16
G90 G54 G00 X-20.0 Y0 S500 M03；
G00 Z50.0；
        Z10.0；
G01 Z-10.0 F50；
G41 Y10.0 D01；
G03 X-30.0 Y0 R10.0；
G01 Y-15.0；
G03 X-20.0 Y-25.0 R10.0；
G01 X20.0；
G03 X30.0 Y-15.0 R10.0；
G01 Y15.0；
G03 X20.0 Y25.0 R10.0；
G01 X-20.0；
G03 X-30.0 Y15.0 R10.0；
G01 Y0；
G03 X-20.0 Y-10.0 R10.0；
G01 G40 Y0；
G00 Z50.0；
G00 X0 Y0 M05；
M30；
```

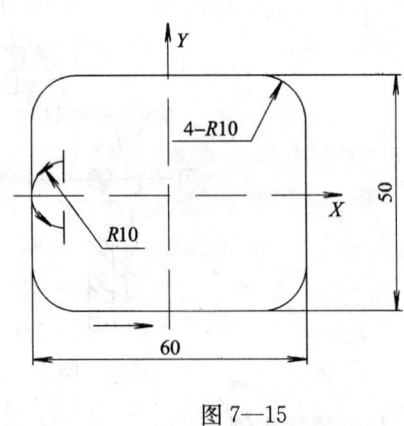

图 7—15

[**实例 7—3**] 完成图 7—16 所示槽的铣削，切深 6 mm，为其编制加工程序。

程序：
O0003；
T1 M06；　　　　　　　φ14 平底刀
G90 G54 G00 X15.0 Y0 S600 M03；
　　Z50.0；
　　Z10.0；
G01 Z－6.0 F50；　　　落刀
　　X－15.0；　　　　去余量
G41 X8.0 D01；
G03 X0 Y8.0 R8.0；　　圆弧切入
G01 X－15.0；
G03 X－15.0 Y－8.0 I0 J－8.0；
G01 X15.0；
G03 X15.0 Y8.0 I0 J8.0；
G01 X0；
G03 X－8.0 Y0 R8.0；　圆弧切出
G01 G40 X15.0；
　　Z50.0；
G91 G28 Z0 M05；
M30；

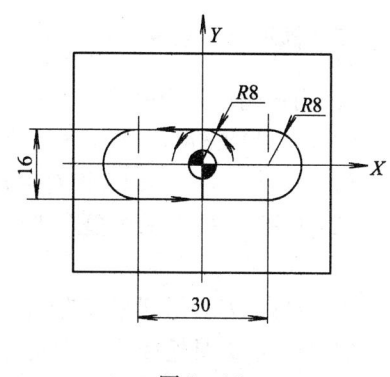

图 7—16

§7—3　固定循环

孔加工是最常用的加工工序，现代 CNC 系统一般都具备钻孔、镗孔和螺纹加工循环编程功能。

一、孔加工循环的 6 个动作（如图 7—17 所示）

1. $A \rightarrow B$ 为刀具快速定位到孔位坐标（X，Y）（即循环起点 B），Z 值进至起始高度。
2. $B \rightarrow R$ 为刀具沿 Z 轴方向快进至安全平面（即 R 点平面）。
3. $R \rightarrow E$ 为孔加工过程（如钻孔、镗孔、攻螺纹等），此时进给为工作进给速度。
4. E 点为孔底动作（如进给暂停、刀具偏移、主轴准停、主轴反转等）。
5. $E \rightarrow R$ 为刀具快速返回 R 点平面。
6. $R \rightarrow B$ 为刀具快退至起始高度（B 点高度）。

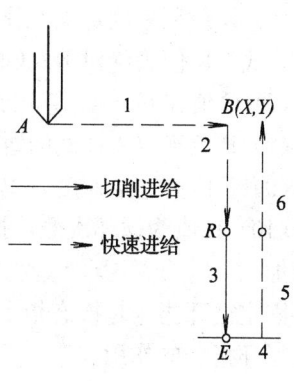

图 7—17

二、固定循环指令

1. 固定循环指令格式

G90(G91) G98(G99) G×× X__ Y__ Z__ R__ Q__ P__ F__ L__；

(1) G90、G91 分别为绝对值指令、增量值指令。

(2) G98 和 G99 两个模态指令控制孔加工循环结束后，刀具返回平面，如图 7—18 所示。

1) G98：刀具返回平面为起始平面（B 点平面），为缺省方式，如图 7—18a 所示。

2) G99：刀具返回平面为安全平面（R 点平面），如图 7—18b 所示。

(3) G×× 为孔加工方式，对应于固定循环指令。

(4) X、Y 值为孔位数据，刀具以快进的方式到达（X，Y）点。

(5) Z 值为孔深，如图 7—19 所示。G90 方式，Z 值为孔底的绝对值；G91 方式，Z 值是 R 点平面到孔底的距离。

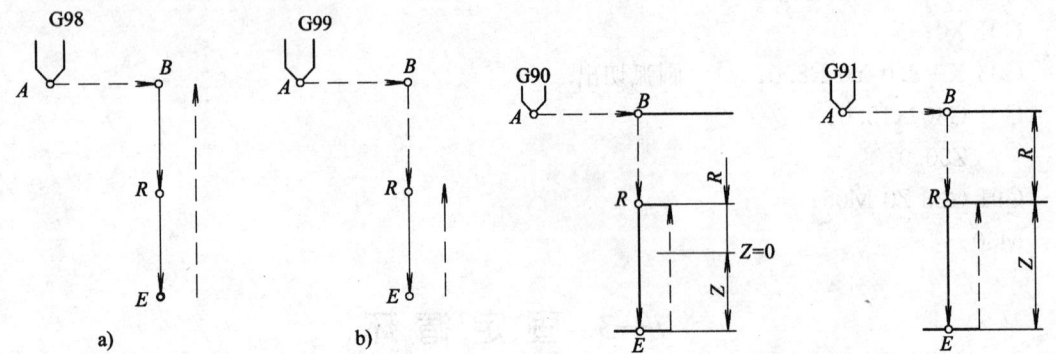

图 7—18　返回平面选择
a) 返回初始平面　b) 返回 R 点平面

图 7—19　孔加工数据

(6) R 值用来确定安全平面（R 点平面），如图 7—19 所示。R 点平面高于工件表面。G90 方式，R 值为绝对值；G91 方式，R 值为从起始平面（B 点平面）到 R 点平面的增量。

(7) Q 值在 G73 或 G83 方式下，规定分步切深；在 G76 或 G87 方式中规定刀具退让值。

(8) P 值规定在孔底的暂停时间，单位为 ms，用整数表示。

(9) F 值为进给速度，单位为 mm/min。

(10) L 值为循环次数，执行一次可不写 L1；如果是 L0，则系统存储加工数据，但不执行加工。

固定循环指令是模态指令，可用 G80 取消循环。此外 G00、G01、G02、G03 也起取消固定循环指令的作用。

2. 固定循环指令

(1) G73：高速深孔钻削，如图 7—20 所示。G73 指令是在钻孔时间断进给，有利于断屑、排屑，适于深孔加工。其中 q 为分步切深，最后一次进给深度 $\leq q$，退刀距离为 d（由系统内部设定）。

(2) G74：左旋攻螺纹循环，如图 7—21 所示。主轴在 R 点反切至 E 点，正转退刀。

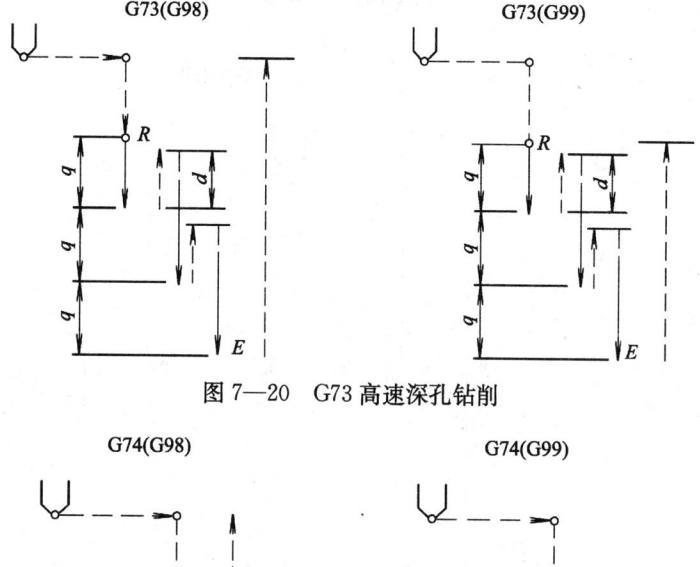

图 7—20 G73 高速深孔钻削

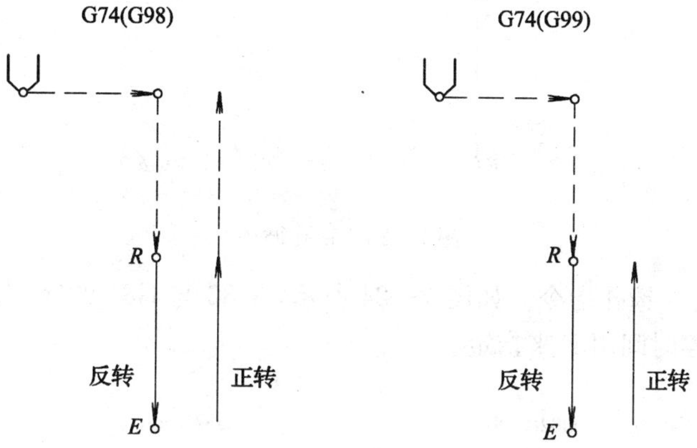

图 7—21 G74 左旋攻螺纹循环

（3）G76：精镗循环指令，如图 7—22 所示。执行 G76 指令精镗至孔底后，有三个孔底动作：进给暂停（P）、主轴准停即定向停止（OSS）、刀具偏移 q 距离，然后刀具退出，这样可使刀尖不划伤精镗表面。

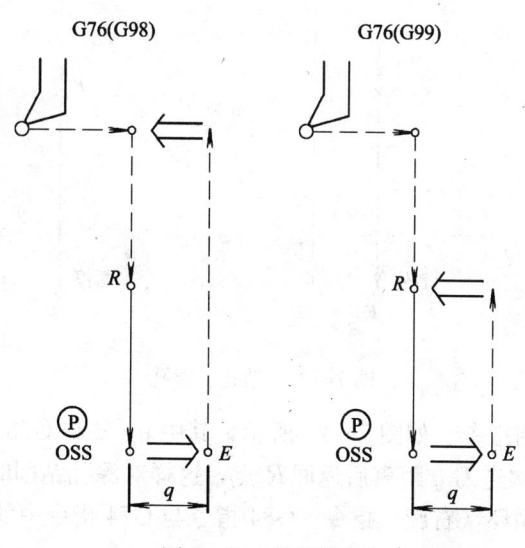

图 7—22 精镗循环

（4）G81：钻孔循环指令。用于一般孔钻削，如图 7—23 所示。

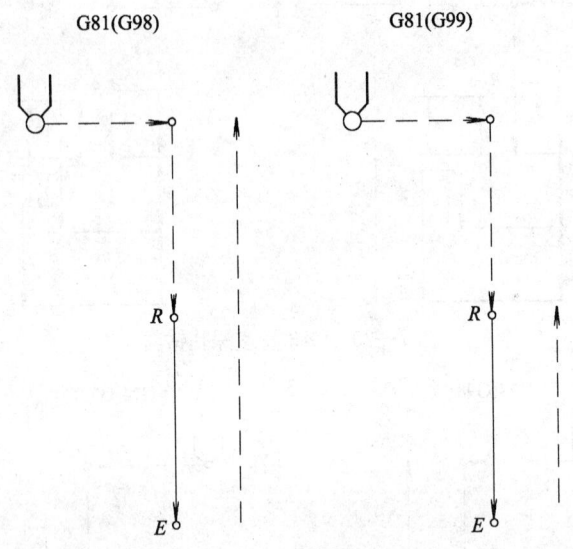

图 7—23　钻孔循环

（5）G82：钻孔、镗孔指令。如图 7—24 所示，G82 与 G81 的区别在于 G82 指令使刀具在孔底暂停，暂停时间用 P 来指定。

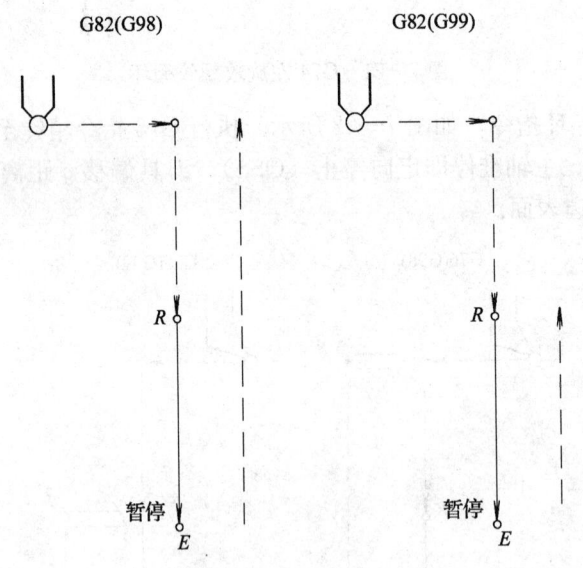

图 7—24　钻孔、镗孔

（6）G83：深孔钻削指令。如图 7—25 所示，其中 q、d 与 G73 相同，G83 与 G73 的区别在于，G83 指令在每次进刀 q 距离后返回 R 点，这样对深孔钻削时排屑有利。

（7）G84：攻螺纹循环（右旋）指令。G84 指令与 G74 指令中的主轴旋向相反，其他与 G74 指令相同。

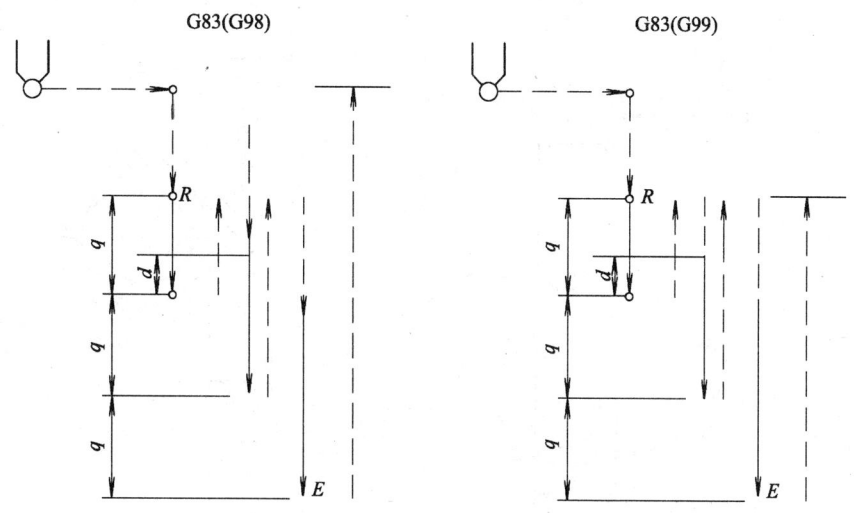

图 7—25　G83 深孔钻削

（8）G85：镗孔循环指令。如图 7—26 所示，主轴正转，刀具以进给速度镗孔至孔底后以进给速度退出（无孔底动作）。

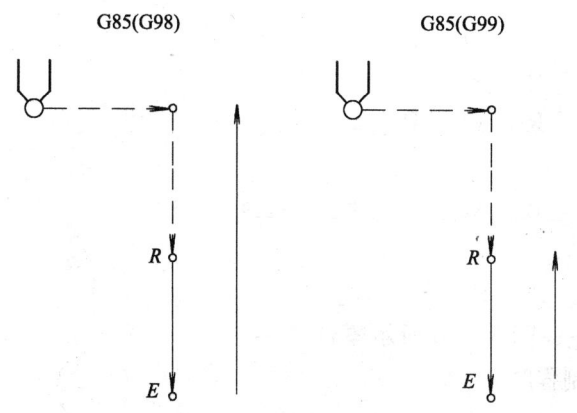

图 7—26　G85 镗孔循环指令

（9）G86：镗孔循环指令。G86 指令与 G85 的区别是，执行 G86 指令刀具到达孔底位置后，主轴停止，并快速退回。

（10）G87：背镗孔循环指令。如图 7—27 所示，刀具运动到起始点 B（X，Y）后，主轴准停，刀具沿刀尖的反方向偏移 q 值，然后快速运动到孔底位置，主轴正转，刀具沿偏移值 q 正向返回，刀具向上进给运动至 R 点，再主轴准停，刀具沿刀尖的反方向偏移 q 值，快退，接着沿刀尖正方向偏移到 B 点，主轴正转，本加工循环结束，继续执行下一段程序。

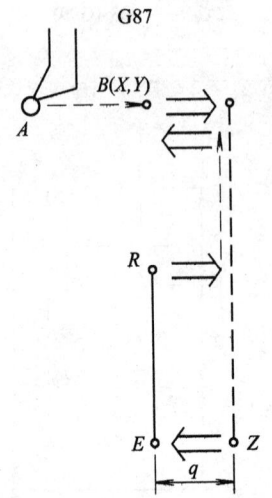
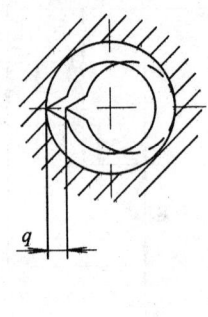

图 7—27 背镗孔循环

三、固定循环加工实例

常用指令及格式：

钻孔：

G73 X_ Y_ Z_ R_ Q_ F_ L_ ;

G81 X_ Y_ Z_ R_ F_ L_ ;

G83 X_ Y_ Z_ R_ Q_ P_ F_ L_ ;

镗孔：

G76 X_ Y_ Z_ R_ Q_ P_ F_ L_ ;

攻螺纹：

G84 X_ Y_ Z_ R_ P_ F_ L_ ;

[实例 7—4] 完成图 7—28 所示零件的 4 孔加工，为其编制程序。

程序：

O0001;   使用 G81

T1 M06;

G90 G54 G00 X0 Y0 S500 M03;

    Z50.0;

G99 G81 X20.0 Z−20.0 R2.0 F50;

    X0 Y20.0;

    X−20.0 Y0;

G98 X0 Y−20.0;

G80 X0 Y0 M05;

M30;

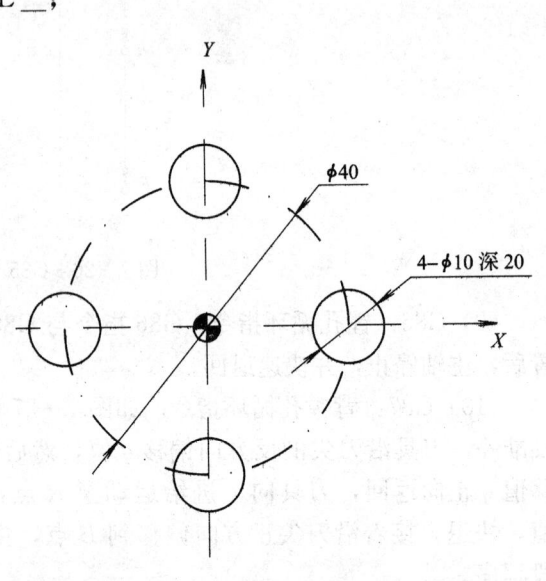

图 7—28

[**实例 7—5**] 使用 G73（高速钻孔循环），完成图 7—29 所示孔的加工，为其编程。

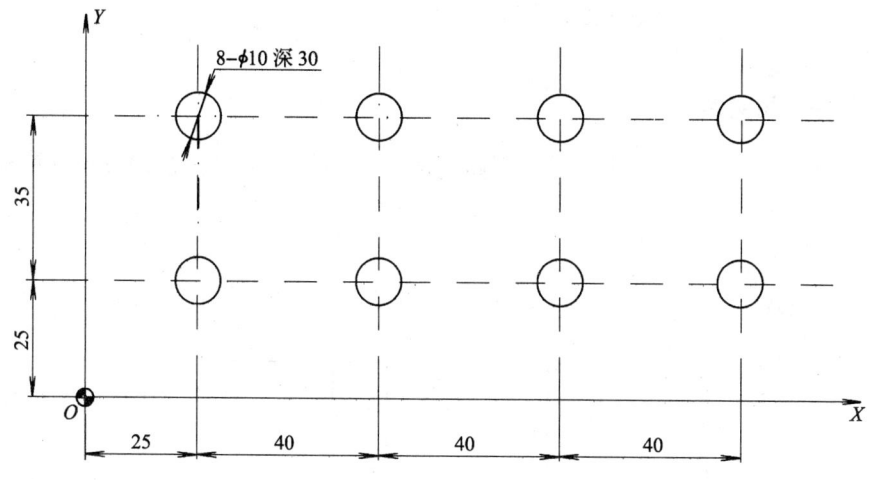

图 7—29

程序：
O0002；
T1 M06；
G90 G54 G00 X0 Y0 S600 M03；
G99 G73 X25.0 Y25.0 Z—30.0 R3.0 Q6.0 F50；
G91 X40.0 L3；
　　Y35.0；
　　X—40.0 L3；
G90 G80 X0 Y0 M05；
G00 Z50.0；
M30；

§7—4 子 程 序

在一次装夹加工多个相同零件或一个零件有重复加工部分的情况下，可使用子程序。

一、子程序的格式

1. 子程序的格式
O ___；
…
…
M99；　　　　　子程序结束
2. 子程序的调用

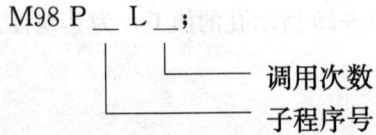

二、子程序应用实例

[**实例 7—6**] 如图 7—30 所示，Z 起始高度 100 mm，切削深度 20 mm，轮廓外侧切削，编程如下：

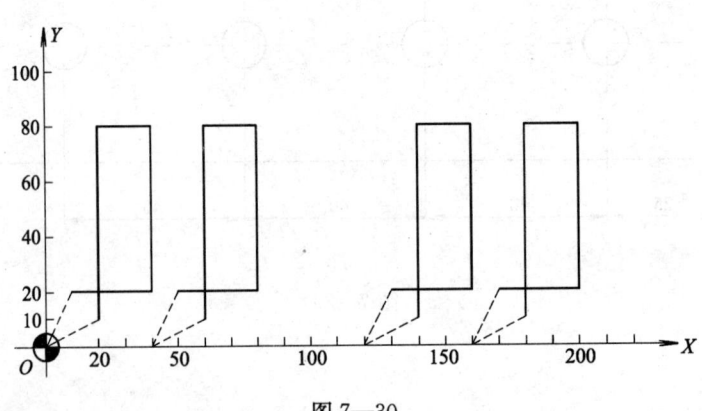

图 7—30

方法一：
程序：
O0001；
N1；（主程序）
G90 G54 G00 X0 Y0 S500 M03；
G00 Z100.0；
M98 P100 L2；
G90 X120.0；
M98 P100 L2；
G90 G00 X0 Y0 M05；
M30；
O0100；（子程序）
G91 G00 Z−95.0；
G41 X20.0 Y10.0 D01；
G01 Z−25.0 F50；
    Y70.0；
    X20.0；
    Y−60.0；
    X−30.0；
    Z120.0；

```
G00 G40 X-10.0 Y-20.0;
    X40.0;
M99;
```

方法二：
程序：
```
O0001;
N1;（主程序）
G90 G54 G00 X0 Y0 S500 M03;
G00 Z100.0;
M98 P110 L2;
G90 G00 X0 Y0 M05;
M30;
O0110;（子程序）
M98 P111 L2;
G91 X40.0;
M99;
O0111;（子程序）
G91 G00 Z-95.0;
G41 X20.0 Y10.0 D01;
G01 Z-25.0 F50;
    Y70.0;
    X20.0;
    Y-60.0;
    X-30.0;
    Z120.0;
G00 G40 X-10.0 Y-20.0;
    X40.0;
M99;
```

[**实例 7—7**] 如图 7—31 所示，Z 起始高度 100 mm，切削深度 50 mm，每层切削深度 5 mm，共切 10 层结束，编程如下：

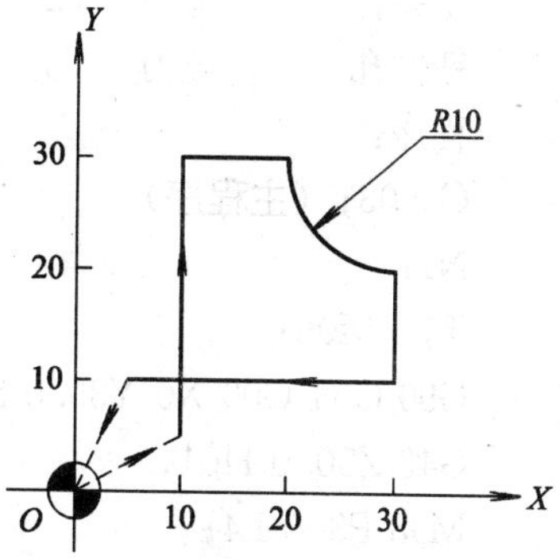

程序：
```
O0002;（主程序）
G90 G54 G00 X0 Y0 S500 M03;
G00 Z100.0;
    Z5.0;
G01 Z0.2 F50;
D01 M98 P200 L10;        D01（粗加工刀具补偿）
G90 Z-45.0;
```

图 7—31

D02 M98 P200;   D02（精加工刀具补偿）
G90 G00 Z100.0 M05;
M30;
O0200;（子程序）
G91 Z—5.0;
G01 G41 X10.0 Y5.0;
    Y25.0;
    X10.0;
G03 X10.0 Y—10.0 R10.0;
G01 Y—10.0;
    X—25.0;
G40 X—5.0 Y—10.0;
M99;

[实例 7—8]　如图 7—32 所示，编程完成图示孔系加工。孔深 50 mm。

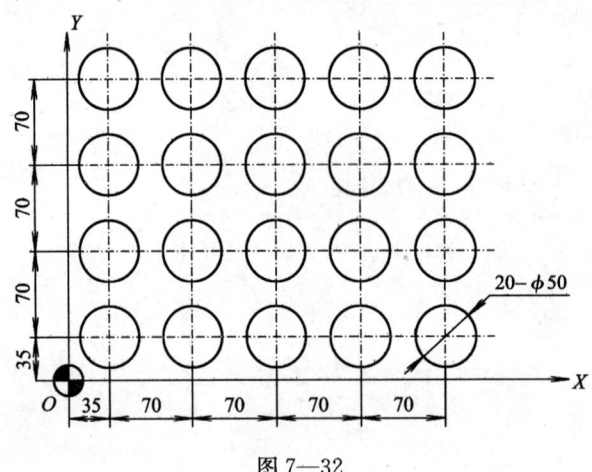

图 7—32

加工步骤：
钻　孔　φ40 钻头　T1　刀具长度补偿 H01
粗镗孔　　镗刀　T2　刀具长度补偿 H02
精镗孔　　镗刀　T3　刀具长度补偿 H03
程序：
O0003;（主程序）
N1;
T1　M06;
G90 G54 G00 X0 Y35.0 S400 M03 F50;
G43 Z50.0 H01;
M98 P300 L4;
G90 G00 X0 Y35.0;
G91 G28 Z0 M05;

N2；
T2 M06；
S500 M03；
G90 G43 Z50.0 H02；
M98 P330 L4；
G90 G00 X0 Y35.0；
G91 G28 Z0 M05；
N3；
T3 M06；
S500 M03；
G90 G43 Z50.0 H03；
M98 P333 L4；
G90 X0 Y0；
G91 G28 Z0 M05；
G28 X0 Y0；
M30；
O0300；（子程序）
G91 G98 G81 X35.0 Y0 Z－55.0. R－45.0 F50；　　G81 钻孔循环
　　X70.0 L4；
G00 G80 X－315.0 Y70.0；
M99；
O0330；（子程序）
G91 G98 G85 X35.0 Y0 Z－55.0. R－45.0 F50；　　G85 镗孔循环
　　X70.0 L4；
G00 G80 X－315.0 Y70.0；
M99；
O0333；（子程序）
G91 G98 G76 X35.0 Y0 Z－55.0.R－45.0
　　Q1.0 F40；　　G76 精镗孔循环
　　X70.0 L4；
G00 G80 X－315.0 Y70.0；
M99；

[**实例 7—9**] 如图 7—33 所示，加工凸台（深 10 mm）时采用不同的刀具补偿，调用子程序，完成同一位置加工，为其编程。

根据加工图，采用 φ20 立铣刀加工，刀长为 177.10 mm。

刀具补偿：D01 值为 10.50，H01 值为 177.6，
　　　　用于粗加工；

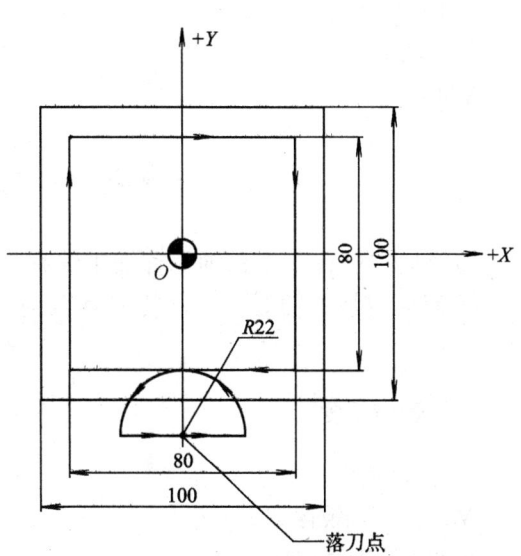

图 7—33

D11 值为 10.0，H11 值为 177.1，用于精加工。

程序：
O0004；（主程序）
T1 M06；
G90 G54 G00 X0 Y−62.0 S500 M03；
G43 Z50.0 H01；
D01 M98 P400；
G43 Z50.0 H11；
D11 M98 P400；
G00 Z50.0；
G91 G28 Z0 M05；
M30；
O0400；（子程序）
G00 Z10.0；
G01 Z−10.0；
G41 X22.0；
G03 X0 Y−40.0 R22.0；
G01 X−40.0；
　　Y40.0；
　　X40.0；
　　Y−40.0；
　　X0；
G03 X−22.0 Y−62.0 R22.0；
G01 G40 X0；
　　Z20.0；
M99；

§7—5 镜 像 指 令

镜像加工编程，也称轴对称加工编程，它是将数控加工的刀具轨迹沿某坐标轴作镜像变换而形成加工轴对称零件的刀具轨迹。对称轴（或镜像轴）可以是 X 轴或 Y 轴或原点。

一、镜像指令

1. 镜像指令
M21：X 轴镜像加工
M22：Y 轴镜像加工
M23：取消轴镜像加工
2. 使用镜像指令时的注意事项

(1) 当只对 X 轴或 Y 轴进行镜像加工时,刀具的实际切削顺序将与原程序相反,刀具矢量方向相反,圆弧插补转向相反。当同时对 X 轴和 Y 轴进行镜像加工时,切削顺序、刀具补偿方向、圆弧时针方向均不变,如图 7—34 所示。

(2) 使用镜像指令后,必须用 M23 取消镜像指令。

(3) 在 G90 模式下,镜像功能必须在工作坐标系原点开始使用,取消镜像也要回到该点。

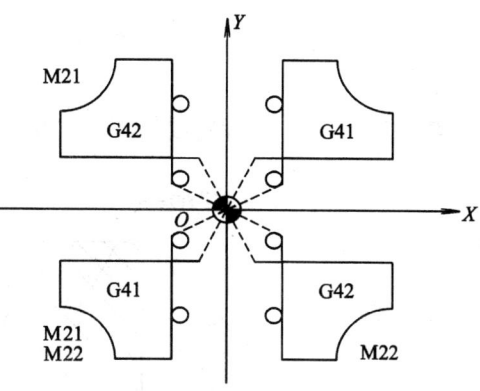

图 7—34 镜像时刀具补偿变化

二、加工实例

[实例 7—10] 如图 7—35 所示,用镜像指令进行镜像加工编程。

程序:
O0005;(主程序)
G90 G54 G00 X0 Y0 S500 M03;
　　Z100.0;
M98 P0500;
M22;
M98 P0500;
M23;
M05;
M30;
O0500;(子程序)
　　Z5.0;
G41 X20.0 Y10.0 D01;
G01 Z-10.0 F50;
　　Y40.0;
G03 X40.0 Y60.0 R20.0;
G01 X50.0;
G02 X60.0 Y50.0 R10.0;
G01 Y30.0;
G02 X50.0 Y20.0 R10.0;
G01 X10.0;
G00 G40 X0 Y0;
　　Z100.0 M05;
M99;

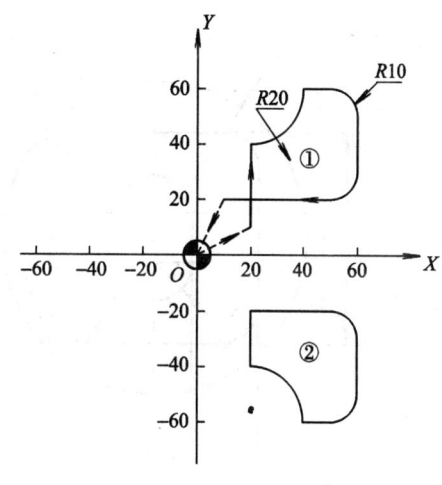

图 7—35

§7—6 综合加工实例

[**实例7—11**] 编程完成如图 7—36 所示组合零件的加工（φ50 圆不加工）。

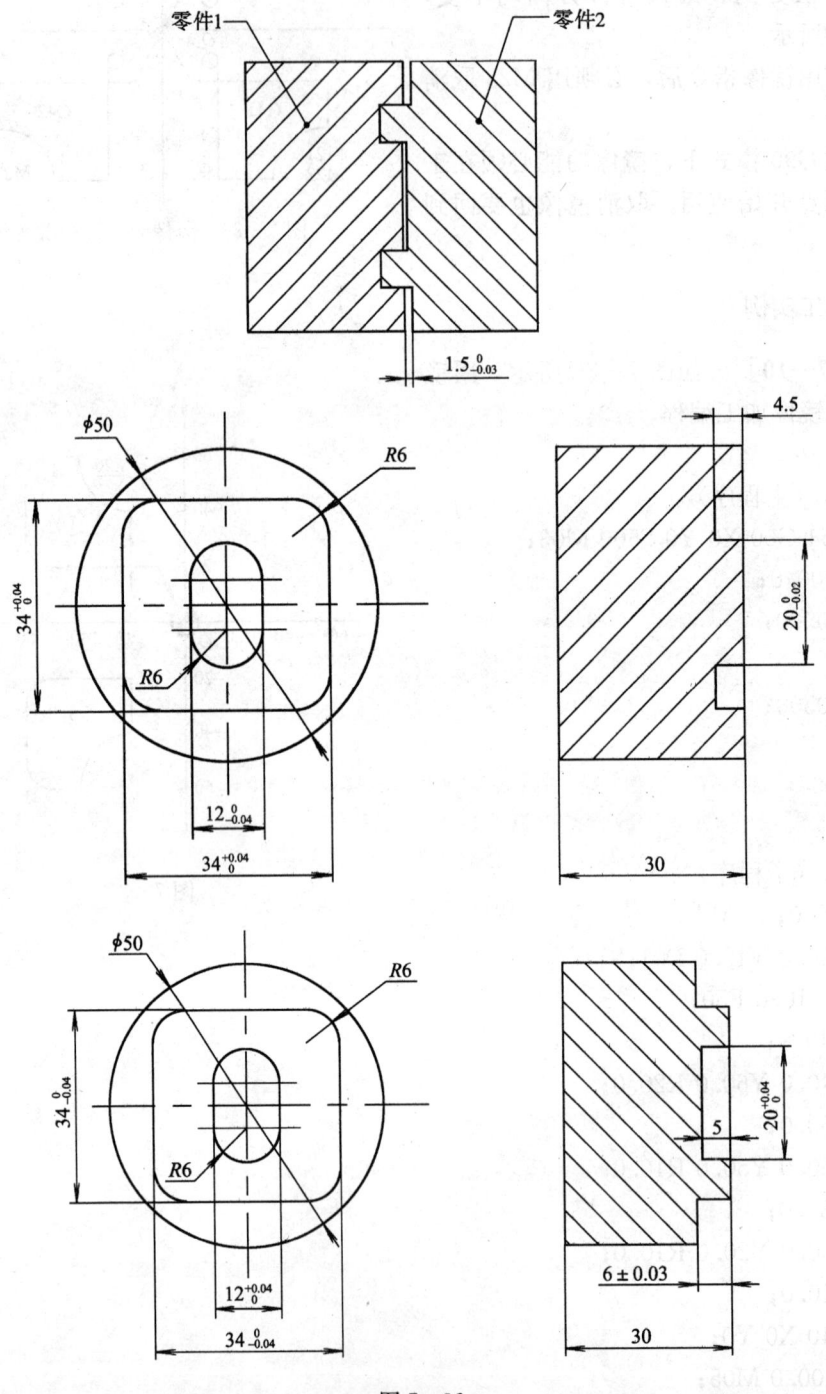

图 7—36

程序：

O0001;　　零件1，其加工示意图如图7—37所示）

N1;　　铣工件上表面
T1 M06;　　φ20平底刀
G90 G54 G00 X-30.0 Y16.0 S600 M03;
G43 Z50.0 H01;
　　Z10.0;
G01 Z0 F60;
　　X35.0;
　　Y0;
　　X-35.0;
　　Y-16.0;
　　X35.0;
G00 Z50.0;
G91 G28 Z0 M05;
N2;　　　　　　　　　　　　铣34×34环形槽及中间凸台
T2 M06;　　　　　　　　　　φ6平底刀
S700 M03;
G90 G54 G00 X-11.5 Y-13.5;　去余量
G00 G43 Z50.0 H02;
　　Z10.0;
G01 Z-4.3 F50;　　　　　　 切深留0.2 mm余量
　　Y13.5;
　　X11.5;
　　Y-13.5;
　　X-11.5;
　　Z-4.5;
D02 M98 P1000;　　　　　　 D02粗加工刀具补偿，R3.15
M01;
D22 M98 P1000;　　　　　　 D22精加工刀具补偿，R3.0，实测调整
G00 Z50.0;
G91 G28 Z0 M05;
G28 X0 Y0;
M30;

程序：
O1000;　　　　　　　　　　 铣34×34环形槽及中间凸台子程序
G41 G01 Y5.5;
G03 X-17.0 Y0 R5.5;　　　　圆弧切出环形槽左侧

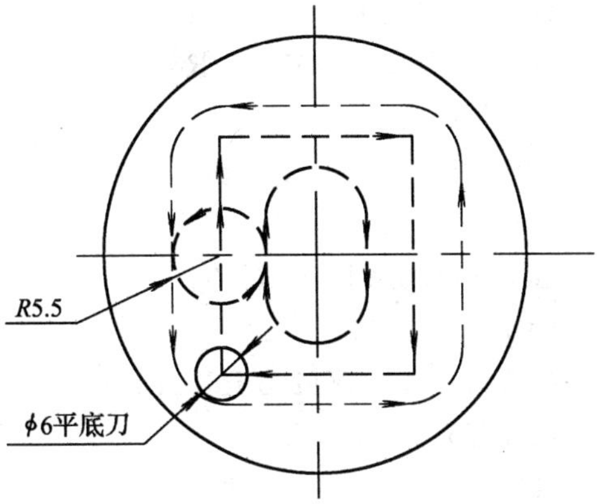

图7—37　零件1加工示意图

```
G01 Y-11.0;
G03 X-11.0 Y-17.0 R6.0;
G01 X11.0;
G03 X17.0 Y-11.0 R6.0;
G01 Y11.0;
G03 X11.0 Y17.0 R6.0;
G01 X-11.0;
G03 X-17.0 Y11.0 R6.0;
G01 Y0;
G03 X-6.0 Y0 I5.5 J0;         圆弧切入环形槽左侧，切入凸台左侧
G01 Y4.0;
G02 X6.0 Y4.0 I6.0 J0;
G01 Y-4.0;
G02 X-6.0 Y-4.0 I-6.0 J0;
G01 Y0;
G03 X-11.5 Y5.5 R5.5;         圆弧切出凸台左侧
G01 G40 Y0;                   去刀具补偿
M99;
程序：
O0002;                        零件2，其加工示意图如图7—38所示
N1;                           铣工件上表面
T1 M06;                       ϕ20平底刀
G90 G54 G00 X-30.0 Y16.0 S600 M03;
G43 Z50.0 H01;
    Z10.0;
G01 Z0 F50;
    X35.0;
    Y0;
    X-35.0;
    Y-16.0;
    X35.0;
N2;        铣34×34凸台
G00 X0 Y-37.0;
G01 Z-5.8 F150;               切深留0.2 mm
D01 M98 P2000;                D01 粗加工刀具补偿，R10.2
G00 Z50.0;
M01;
    Z10.0;
G01 Z-6.0;                    进至切深
```

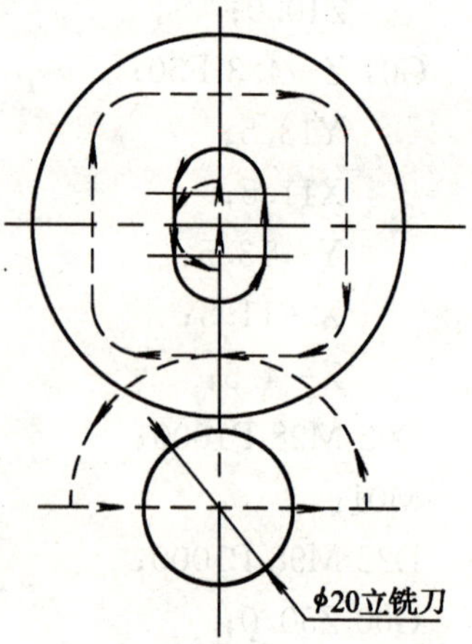

图7—38 零件2加工示意图

D11 M98 P2000；	D11 精加工刀具补偿，R10.0，可实测调整
G00 Z50.0；	
G91 G28 Z0 M05；	
N3；	铣 12 mm 宽槽
T3 M06；	ϕ10 平底刀
S600 M03；	
G90 G54 G00 X0 Y4.0；	
G43 Z50.0 H03；	
Z10.0；	
G01 Z-4.9 F50；	切深留 0.1 mm 余量
Y-4.0；	
D03 M98 P1001；	D03 粗加工刀具补偿 R5.1
G00 Z50.0；	
M01；	
Z10.0；	
G01 Z-5.0；	
D33 M98 P1001；	D33 精加工刀具补偿，R5.0，实测调整
G01 Z50.0 F200；	
G91 G28 Z0 M05；	
G28 X0 Y0；	
M30；	
程序：	
O2000；	铣凸台子程序
G01 G41 X20.0 F50；	
G03 X0 Y-17.0 R20.0；	R20 圆弧切入凸台位置
G01 X-11.0；	
G02 X-17.0 Y-11.0 R6.0；	
G01 Y11.0；	
G02 X-11.0 Y17.0 R6.0；	
G01 X11.0；	
G02 X17.0 Y11.0 R6.0；	
G01 Y-11.0；	
G02 X11.0 Y-17.0 R6.0；	
G01 X0；	
G03 X-20.0 Y-37.0 R20.0；	圆弧切出工件
G00 G40 X0；	
M99；	
程序：	
O1001；	铣 12 mm 宽槽子程序

G41 Y6.0 F60；
G03 X-6.0 Y0 R6.0；　　　　圆弧切入槽左侧
G01 Y-4.0；
G03 X6.0 Y-4.0 I6.0 J0；
G01 Y4.0；
G03 X-6.0 Y4.0 I-6.0 J0；
G01 Y0；
G03 X0 Y-6.0 R6.0；
G01 G40 Y0；
M99；

[实例7—12] 编程完成图7—39所示零件的内腔加工（通槽）。

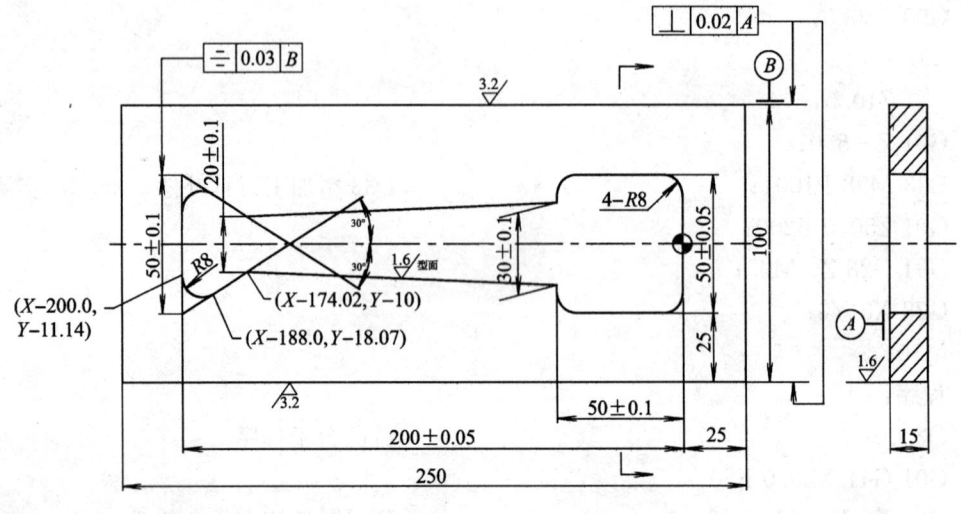

图7—39

程序：
O0003；
N1；　　　　　　　　　　　　去型腔余量
T1 M06；　　　　　　　　　　φ18平底刀
G90 G54 G00 X-19.0 Y0 S500 M03；
G00 G43 Z50.0 H01；
　　Z10.0；
G01 Z-16.0 F50；
　　X-40.0；
　　Y15.0；
　　X-10.0；
　　Y-15.0；
　　X-40.0；

Y0；
　　　X-190.0；
G00 Z50.0；
G91 G28 Z0 M05；
N2；   精加工型腔
T2 M06；   φ14平底刀
G90 G54 G00 X-10.0 Y0 S600 M03；
G00 G43 Z50.0 H02；
　　　Z10.0；
G01 Z-16.0 F200；
G41 Y-10.0 D02；
G03 X0 Y0 R10.0；   圆弧切入
G01 Y17.0；
G03 X-8.0 Y25.0 R8.0；
G01 X-42.0；
G03 X-50.0 Y17.0 R8.0；
G01 Y-17.0；
G03 X-42.0 Y-25.0 R8.0；
G01 X-8.0；
G03 X0 Y-17.0 R8.0；
G01 Y0；
G03 X-10.0 Y10.0 R10.0；
G03 X-50.0 Y15.0 R40.0；
G01 X-174.02 Y10.0；
　　　X-188.0 Y18.07；
G03 X-200.0 Y11.14 R8.0；
G01 Y-11.14；
G03 X-188.0 Y-18.07 R8.0；
G01 X-174.02 Y-10.0；
　　　X-50.0 Y-15.0；
G03 X-10.0 Y-10.0 R40.0；
G01 G40 Y0；
G00 Z50.0；
G91 G28 Z0 M05；
M30；

[实例7—13]　编程加工图7—40所示型腔。
程序：
O0004；
N1；   去余量

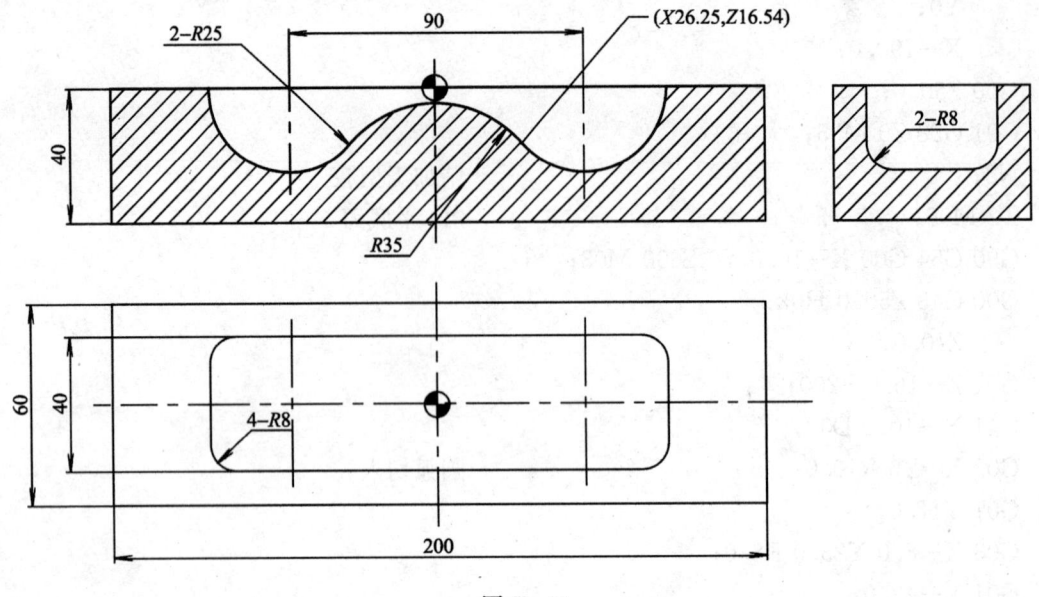

图 7—40

```
T1 M06;                                    φ20 平底刀
G90 G54 G00 X-45.0 Y-8.0 S500 M03;
G00 G43 Z50.0 H01;
    Z10.0;
G01 Z-16.54 F50;
    Y8.0;
    Z-1.5;
    X45.0;
    Z-16.54;
    Y-8.0;
    Z-1.5;
    X-45.0;
    Y0;
    X45.0;
    Z50.0;
G91 G28 Z0 M05;
N2;
T2 M06;                                    φ16 球头刀
G90 G54 G00 X0 Y-13.0 S600 M03;
G43 Z50.0 H02;
    Z18.4;                                 留 0.4 mm 余量精铣
    M98 P0100 L8;                          调用 O0100 号子程序循环 8 次
G90 G00 Z10.0;
```

```
        Y-12.5
M98 P0120 L48;
G90 G00 Z50.0;
G91 G28 Z0 M05;
M30;
程序：
O0100;
G91 Z-1.0;
M98 P0110 L24;
        Y-24.0;
M99;
程序：
O0110;
G91 Y1.0;
G18 G00 G41 X-70.0 Z-10.0;
G02 X43.75 Z-16.54 R25.0;
G03 X52.5 Z0 R35.0;
G02 X43.75 Z16.54 R25.0;
G00 G40 X-70.0 Z10.0;
M99;
程序：
O0120;
G91 Y0.5;
G18 G00 G41 X-70.0 Z-10.0;
G02 X43.75 Z-16.54 R25.0;
G03 X52.5 Z0 R35.0;
G02 X43.75 Z16.54 R25.0;
G00 G40 X-70.0 Z10.0;
M99;
```

注：①此零件加工，也可采用自动编程，本例是采用子程序加工。

②O0110子程序用来加工圆弧轮廓线；O0100子程序用来加工每次切深1 mm的圆弧轮廓，切削时，行距为1.0 mm。O0120子程序用来精加工圆弧轮廓线，切削时，行距为0.5 mm。

[**实例7—14**] 编程完成图7—41所示零件的加工（凸台、槽、孔的加工）。

程序：
```
O0005;
N1;
T1 M06                              φ14平底刀，粗铣凸台
G00 G90 G54 X0 Y-10.0 S500 M03;
G43 H1 Z50.0 M08;
```

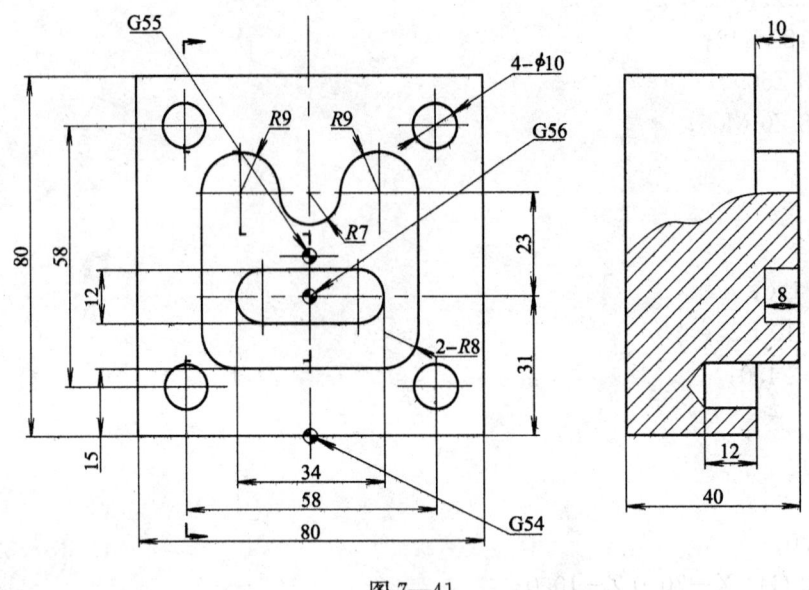

图 7—41

```
    Z10.0;
G01 Z-10.0 F50;
    Y2.0;
    X-38.0;
    Y78.0;
    X0;
    Y54.0;
    Y78.0;
    X38.0;
    Y2.0;
    X0;
G01 G41 X10.0 Y5.0 D01;          精铣
G03 X0 Y15.0 R10.0;
G01 X-17.0;
G02 X-25.0 Y23.0 R8.0;
G01 Y54.0;
G02 X-16.0 Y63.0 R9.0;
G02 X-7.0 Y54.0 R9.0;
G03 X0 Y47.0 R7.0;
G03 X7.0 Y54.0 R7.0;
G02 X16.0 Y63.0 R9.0;
G02 X25.0 Y54.0 R9.0;
G01 Y23.0;
G02 X17.0 Y15.0 R8.0;
```

G01 X0；
G03 X−10.0 Y5.0 R10.0；
G01 G40 X0；
G00 Z50.0；
M05；
G91 G28 Z0 M09；
G28 X0 Y0；
N2；   钻 ϕ9.7 孔
T2 M06；
G90 G55 G00 X−29.0 Y29.0 S500 M03；   G55—零件对称中心
G43 H2 Z10.0 M08；
G99 G81 Z−24.0 R10.0 F10；
　　Y−29.0；
　　X29.0；
　　Y29.0；
G80 M09；
M05；
G91 G28 Z0；
G28 X0 Y0；
M01；
N3；   铰 ϕ10 孔
T3 M06；
G90 G55 G00 X−29.0 Y29.0 S50 M03；
G43 H3 Z10.0 M08；
G99 G81 Z−22.0 R10.0 F5；
　　Y−29.0；
　　X29.0；
　　Y29.0；
G80 M09；
M05；
G91 G28 Z0；
G28 X0 Y0；
M01；
N4； ϕ10 键槽刀，铣封闭槽
T4 M06；
G90 G56 G00 X11.0 Y0 S500 M03；   G56—槽对称中心
G43 H4 Z50.0 M08；
　　Z10.0；
G01 Z−8.0 F30；

```
        X-11.0;
G01 G41 X6.0 D01;
G03 X0 Y6.0 R6.0;
G01 X-11.0;
G03 X-11.0 Y-6.0 R6.0;
G01 X11.0;
G03 X11.0 Y6.0 R6.0;
G01 X0;
G03 X-6.0 Y0 R6.0;
G01 G40 X0;
G00 Z50.0;
M05;
G91 G28 Z0 M09;
G28 X0 Y0;
M30;
```

[**实例 7—15**] 编程完成图 7—42 所示的零件凸台槽的加工。

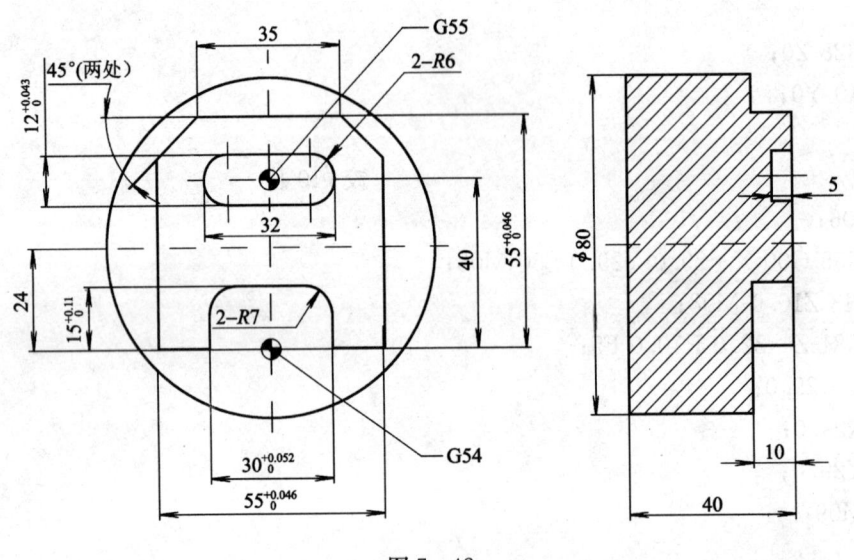

图 7—42

程序：
```
O0006;
N1;                                           加工外凸台
T1 M06;                                       φ20 平底刀
G90 G54 G00 X-48.0 Y-20.0 S500 M03;
G00 G43 Z50.0 H01;
    Z10.0;
G01 Z-10.0 F50;
```

G41 X-27.5 Y-2.0 D01;
G01 Y45.0;
　　X-17.5 Y55.0;
　　X17.5;
　　X27.5 Y45.0;
　　Y0;
　　X-30.0;
G00 G40 X-48.0 Y-20.0;
M05;
M01;
N2;　　　　　　　　　　　　　　　　加工下部 $30^{+0.052}_{0}$ 宽、2-R7 槽
G90 G54 G01 X-4.0 Y-11.0 S600 M03 F50;　　去余量
　　Y3.0;
　　X4.0;
　　Y-11.0;
　　X0;
G00 Z50.0;
G91 G28 Z0 M05;
T2 M06;　　　　　　　　　　　　　　　　ϕ10 平底刀，精加工
G90 G54 G00 X0 Y-11.0 S700 M03;
G00 G43 Z50.0 H02;
　　Z10.0;
G01 Z-10.0 F50;
G41 X15.0 Y-1.0 D02;
　　Y8.0;
G03 X8.0 Y15.0 R7.0;
G01 X-8.0;
G03 X-15.0 Y8.0 R7.0;
G01 Y-1.0;
G40 X0 Y-11.0;
G00 Z50.0;
M01;
N3;　　　　　　　　　　　　　　　　加工封闭槽
G90 G55 G00 X10.0 Y0 S700 M03;
G00 Z10.0;
G01 Z-5.0 F50;
　　X-10.0;
G41 X6.0 D02;
G03 X0 Y6.0 R6.0;　　　　　　　　　　圆弧切入

G01 X-10.0;
G03 X-10.0 Y-6.0 I0 J-6.0;
G01 X10.0;
G03 X10.0 Y6.0 I0 J6.0;
G01 X0;
G03 X-6.0 Y0 R6.0;
G01 G40 X0;
G00 Z50.0;
G91 G28 Z0 M05;
G28 X0 Y0;
M30;

[实例 7—16] 编程加工图 7—43 所示零件的型腔。

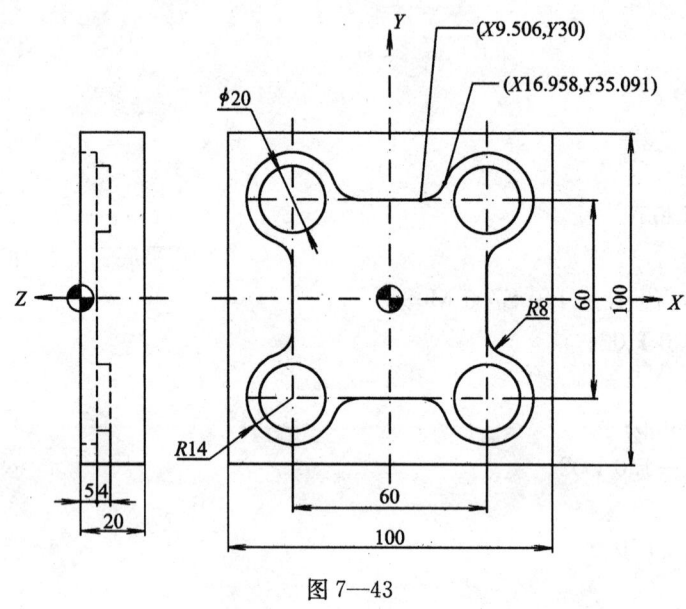

图 7—43

程序:
O0007;
N1;   去余量
T1 M06;   φ20 平底刀
G90 G54 G00 X0 Y-10.0 S600 M03;
G00 G43 Z50 H01;
　　Z10.0;
G01 Z-5.0 F50;
G01 Y19.0;
　　X19.0;
　　X30.0 Y30.0;
　　X19.0 Y19.0;

```
        Y-19.0;
        X30.0 Y-30.0;
        X19.0 Y-19.0;
        X-19.0;
        X-30.0 Y-30.0;
        X-19.0 Y-19.0;
        Y19.0;
        X-30.0 Y30.0;
        X-19.0 Y19.0;
        Y15.0;
N2;                                         精加工环型腔
G01 G41 X15.0 D01;
G03 X0 Y30.0 R15.0;
        X-9.506;
G02 X-16.958 Y35.091 R8.0;
G03 X-35.091 Y16.958 I-13.042 J-5.091;
G02 X-30.0 Y9.506 R8.0;
G01 Y-9.506;
G02 X-35.091 Y-16.958 R8.0;
G03 X-16.958 Y-35.091 I5.091 J-13.042;
G02 X-9.506 Y-30.0 R8.0;
G01 X9.506;
G02 X16.958 Y-35.091 R8.0;
G03 X35.091 Y-16.958 I13.042 J5.091;
G02 X30.0 Y-9.506 R8.0;
G01 Y9.506;
G02 X35.091 Y16.958 R8.0;
G03 X16.958 Y35.091 I-5.091 J13.042;
G02 X9.506 Y30.0 R8.0;
G01 X0;
G03 X-15.0 Y15.0 R15.0;
G01 G40 X0;
G91 G28 Z0 M05;
M01;
N3;                                         铣 4-$\phi$20 圆槽
T2 M06;                                     $\phi$16 平底刀
G90 G54 G00 X-30.0 Y30.0 S600 M03;
G00 G43 Z50.0 H02;
        Z5.0;
```

M98 P1234;
G90 G00 X-30.0 Y-30.0;
M98 P1234;
G90 G00 X30.0 Y-30.0;
M98 P1234;
G90 G00 X30.0 Y30.0;
M98 P1234;
G00 Z50.0;
G91 G28 Z0 M05;
G28 X0 Y0;
M30;
程序：
O1234; 铣圆弧槽子程序
G91 G01 Z-10.0 F150;
　　Z-4.0 F50;
G41 X1.0 Y-9.0 D02;
G03 X9.0 Y9.0 R9.0;
G03 X0 Y0 I-9.0 J0;
G03 X-9.0 Y9.0 R9.0;
G01 G40 X-1.0 Y-9.0;
G00 Z14.0;
M99;

［实例 7—17］　编程加工图 7—44 所示的零件局部型腔。零件为铸件毛坯。

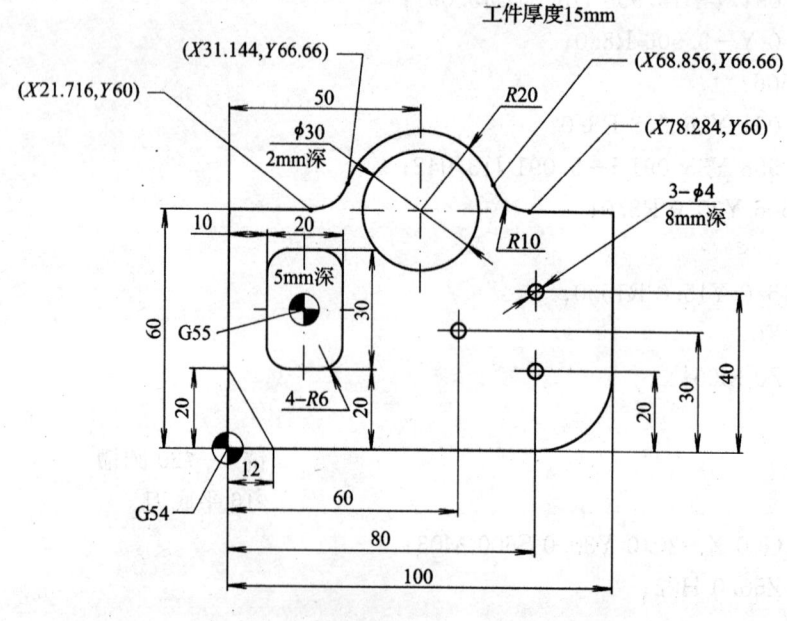

图 7—44

程序：
O0008；
N1；   加工外形
T1 M06；   φ18平底刀
G90 G54 G00 X50.0 Y-15.0 S500 M03；
G00 G43 Z50.0 H01；
    Z10.0；
G01 Z-10.0 F50；   切深10.0 mm
G41 X65.0 D01；
G03 X50.0 Y0 R15.0；   圆弧切入
G01 X12.0；
    X0 Y20.0；
    Y60.0；
    X21.716；
G03 X31.144 Y66.66 R10.0；
G02 X68.856 Y66.66 I18.856 J-6.66；
G03 X78.284 Y60.0 R10.0；
G01 X100.0；
    Y20.0；
G02 X80.0 Y0 R20.0；
G01 X50.0；
G03 X35.0 Y-15.0 R15.0；   圆弧切出
G01 G40 X50.0；
G00 Z50.0；
N2；   铣φ30圆槽
G00 X50.0 Y60.0；
G00 Z10.0；
G01 Z-2.0 F50；
G41 X55.0 Y50.0 D01；
G03 X65.0 Y60.0 R10.0；
G03 X65.0 Y60.0 I-15.0 J0；
G03 X55.0 Y70.0 R10.0；
G01 G40 X50.0 Y60.0；
G00 Z50.0；
G91 G28 Z0 M05；
N3；   铣方槽（4-R6）
T2 M06；   φ10平底刀
G90 G55 G00 X0 Y9.0 S700 M03；
G00 G43 Z50.0 H02；

```
        Z10.0;
G01 Z-5.0 F50;
        Y-9.0;
G41 Y10.0 D02;
G03 X-10.0 Y0 R10.0;
G01 Y-9.0;
G03 X-4.0 Y-15.0 R6.0;
G01 X4.0;
G03 X10.0 Y-9.0 R6.0;
G01 Y9.0;
G03 X4.0 Y15.0 R6.0;
G01 X-4.0;
G03 X-10.0 Y9.0 R6.0;
G01 Y0;
G03 X0 Y-10.0 R10.0;
G01 G40 Y0;
G00 Z50.0;
G91 G28 Z0 M05;
G28 X0 Y0;
M30;
```

复 习 题

1. 数控铣床与加工中心的区别是什么？
2. 加工中心刀具的进退刀方式有哪几种？
3. 加工中心刀具半径补偿时如何避免过切削现象？
4. 加工中心刀具半径补偿、刀具长度补偿有何作用？
5. 常用的孔加工固定循环有哪些？
6. 子程序有何作用？子程序嵌套如何使用？
7. 试述镜像指令的应用场合。
8. 根据题图 7—1 所示加工轨迹，为其编程（无 Z 轴移动，无刀具补偿）。

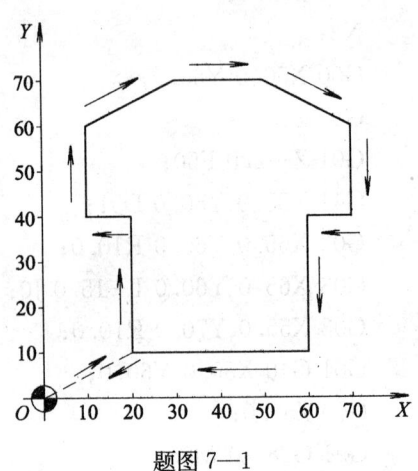

题图 7—1

9. 根据题图 7—2 所示加工轨迹，为其编程（无 Z 轴移动，无刀具补偿）。

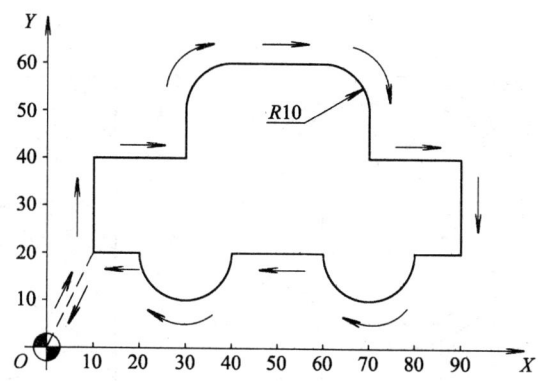

题图 7—2

10. 根据题图 7—3 所示加工轨迹，为其编程。工件切深 10 mm，起刀点在工件上方 50 mm 处，无刀具半径补偿。

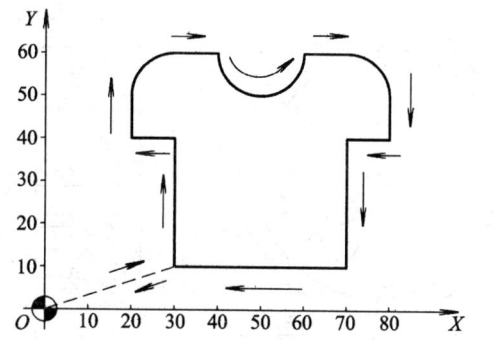

题图 7—3

11. 根据题图 7—4 所示加工轨迹，为其编程。工件切深 10 mm，起刀点在工件上方 50 mm 处，加刀具半径补偿。

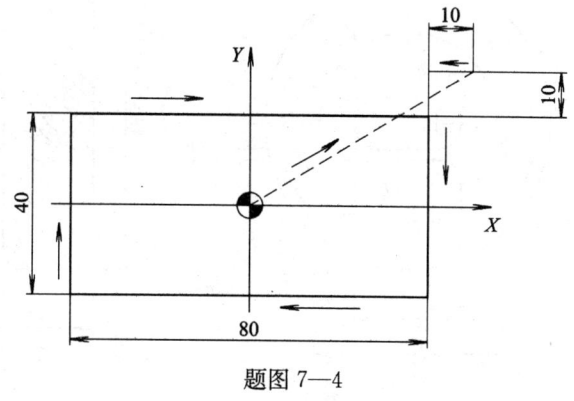

题图 7—4

12. 编程完成题图 7—5 所示零件的凸台及槽的加工。

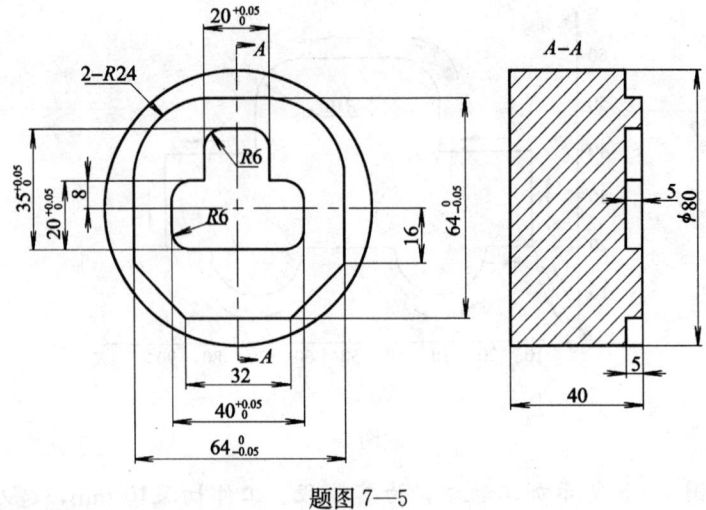

题图 7—5

13. 编程完成题图 7—6 所示零件的圆台及圆弧槽的加工。

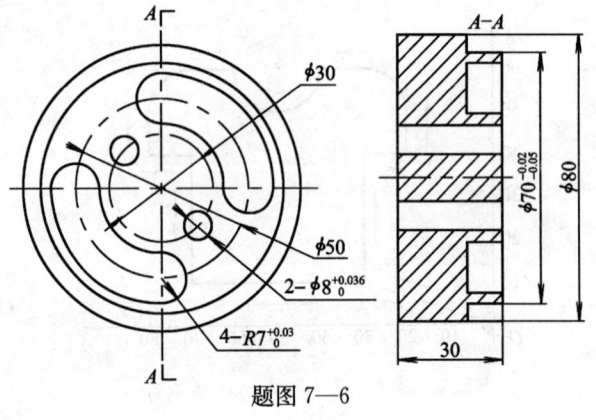

题图 7—6

14. 编程完成题图 7—7 所示零件的凸台及槽的加工。

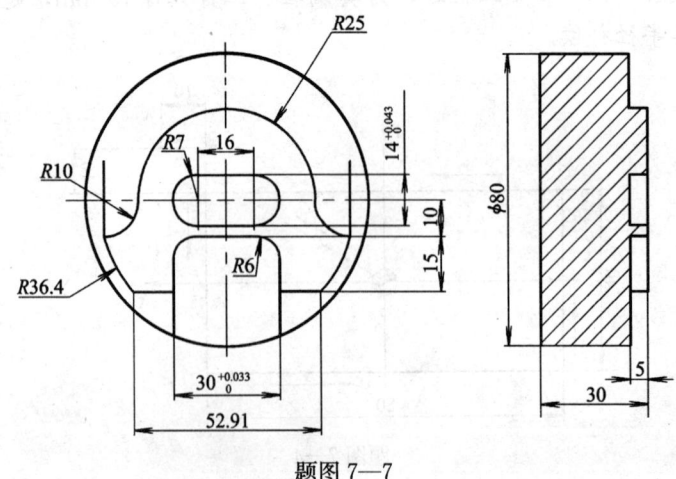

题图 7—7

15. 编程完成题图 7—8 所示零件的凸台及型腔的加工。

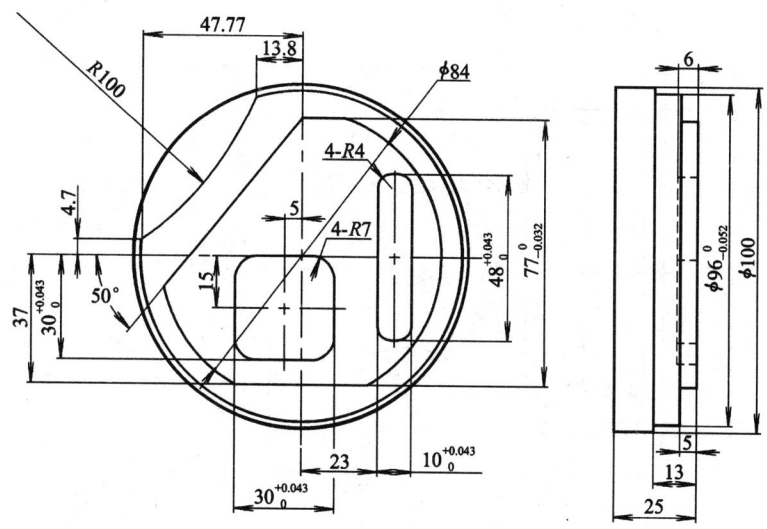

题图 7—8

16. 编程完成题图 7—9 所示零件的凸台及型腔的加工。

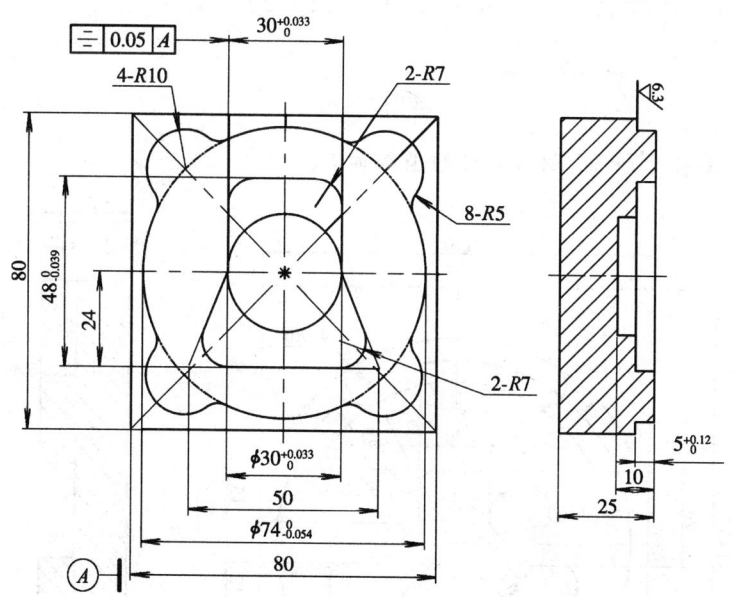

题图 7—9

17. 编程完成题图7—10所示零件的凸台及型腔的加工。提示：可设置多个编程零点。

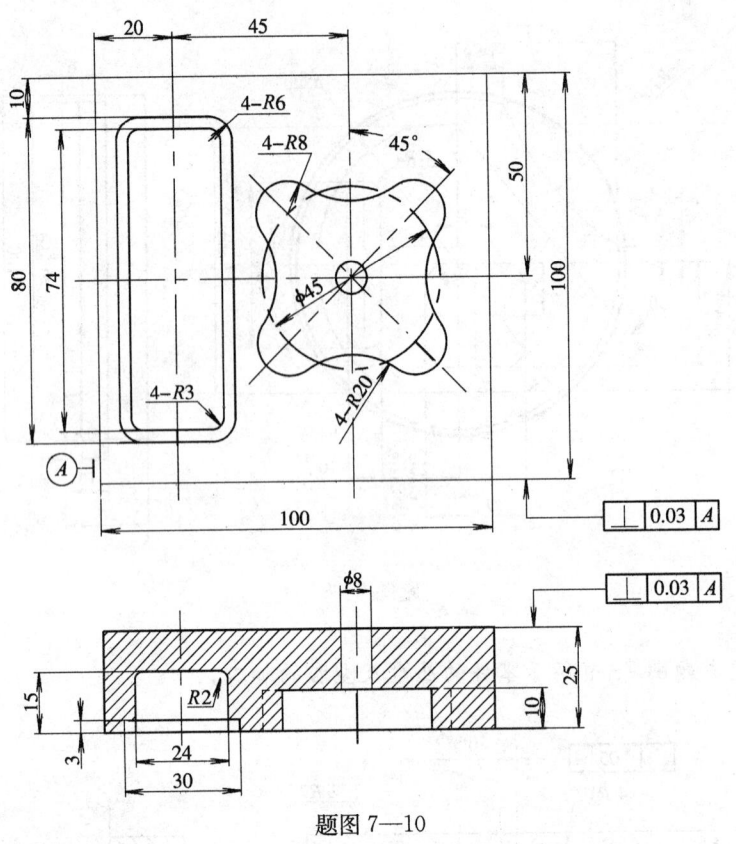

题图7—10

18. 编程完成题图7—11所示零件的型腔加工。

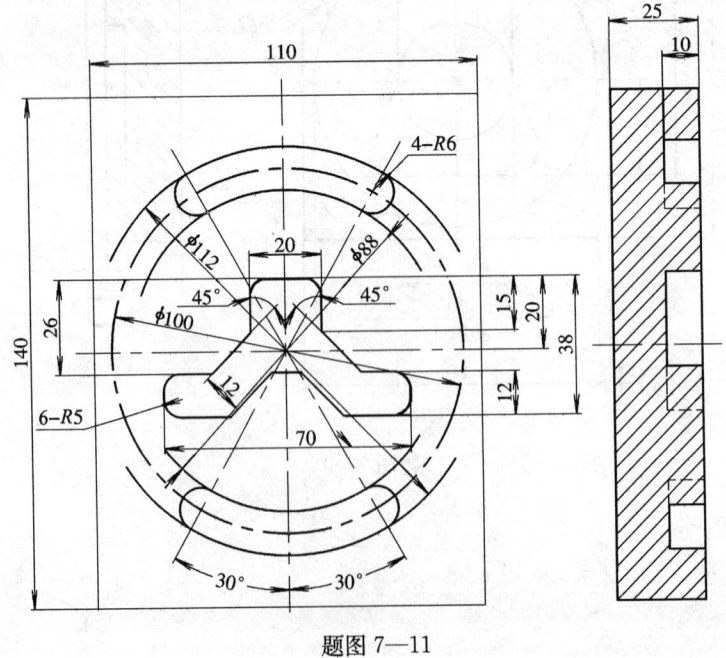

题图7—11

19. 编程完成题图 7—12 所示零件的型腔加工。

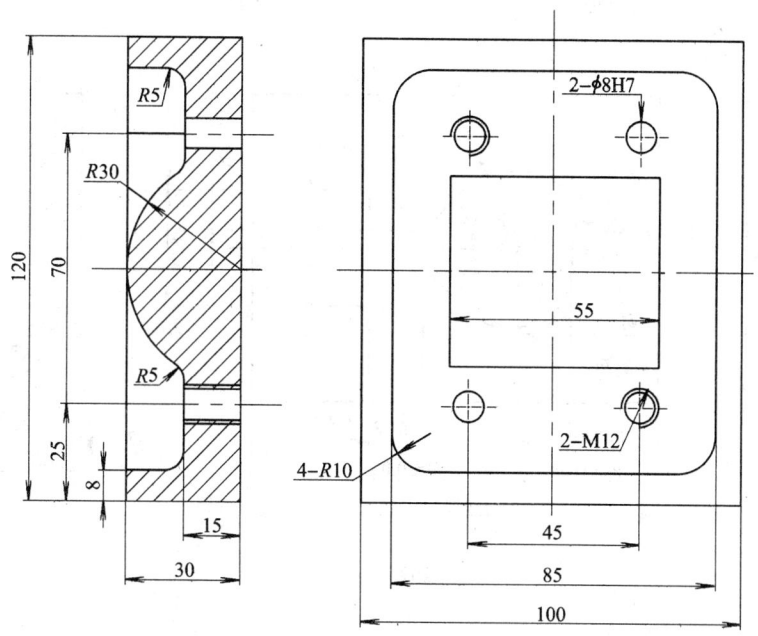

题图 7—12

20. 编程完成题图 7—13 所示零件的型腔加工。

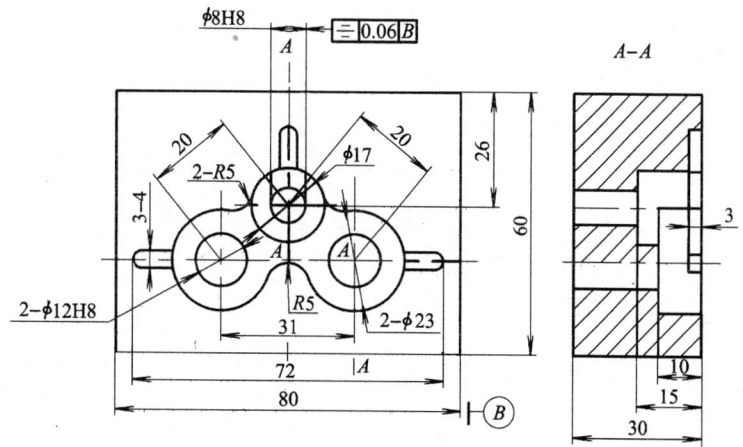

题图 7—13

21. 编程完成题图 7—14 所示零件的型腔加工。

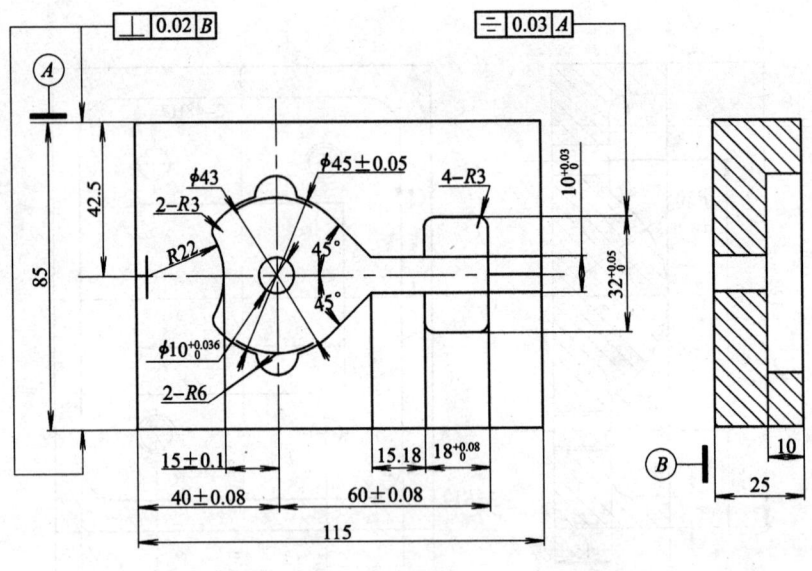

题图 7—14

第八章 数控镗铣加工中心操作

加工中心是带有刀库和自动换刀装置的数控机床,又称为自动换刀数控机床或多工序数控机床。其特点是数控系统能控制机床自动地更换刀具,能连续地对工件各加工表面自动进行铣(车)、钻、扩、铰、镗、攻螺纹等多种工序的加工;适用于加工凸轮、箱体、支架、盖板、模具等各种复杂型面的零件。

§8—1 数控镗铣加工中心介绍

一、数控镗铣加工中心的功能特点

1. 立式加工中心 立式加工中心装夹工件方便,便于操作,找正容易,易于观察切削情况,占地面积小,应用广泛。但它受立柱高度及自动换刀系统的限制,不能加工太高的工件,也不适于加工箱体。立式加工中心如图 8—1 所示。

2. 卧式加工中心 一般情况下,卧式加工中心比立式加工中心复杂,占地面积大,有能精确分度的数控回转工作台,可实现对零件的一次装夹多工位加工,适合于加工箱体类零件及小型模具型腔。但调试程序及试切时不易观察,生产时不易监视,装夹、测量不便,加工深孔时切削液不易到位(若没有内冷却钻孔装置)。由于存在上述诸多不便,卧式加工中心准备时间比立式加工中心准备时间更长,但加工数量越多,其多工位加工、主轴转速高、机床精度高的优势就表现得越明显,所以卧式加工中心适合于批量加工。卧式加工中心如图 8—2 所示。

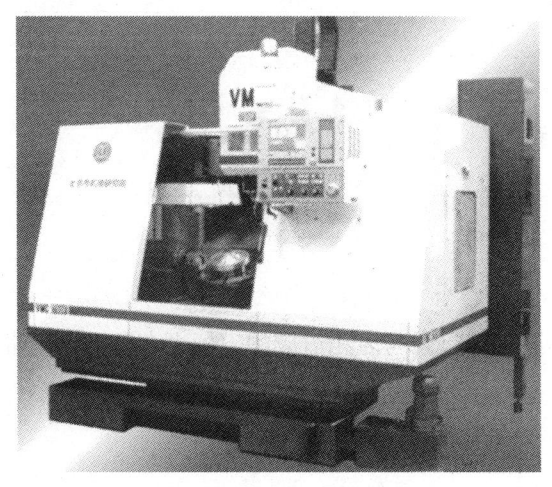

图 8—1 立式加工中心

图 8—2 卧式加工中心

3. 立卧式加工中心　立卧式加工中心是利用铣头的立卧转换机构实现从立式加工方式转换为卧式加工方式或从卧式加工方式转换为立式加工方式。立卧式加工中心具有立式加工中心、卧式加工中心的特点。立卧式加工中心如图 8—3 所示。

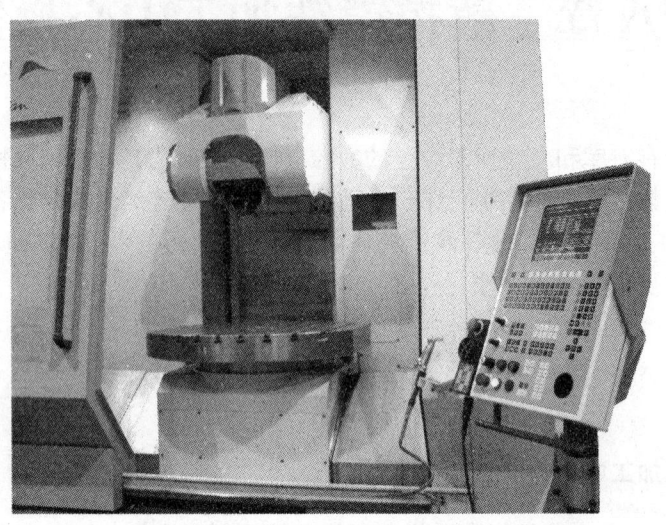

图 8—3　立卧式加工中心

立式加工中心、卧式加工中心都带有 APC（交换工作台）装置，交换工作台有两个或多个。在有的制造系统中，工作台在各机床上都通用，通过自动运送装置，工作台带着装夹好的工件在车间内形成物流，因此，这种工作台也叫托盘。由于利用工作台装卸工件不占机时，因此其自动化程度更高，效率也更高。

二、数控镗铣加工中心的刀具及辅助设备

1. 刀柄及刀具系统

（1）刀柄。加工中心上刀柄与主轴孔的配合锥面一般采用 7∶24 的锥柄，刀柄通过拉钉固定在主轴上。刀柄和拉钉已标准化，如图 8—4 所示。

图 8—4　刀柄与拉钉

在加工中心上，刀具种类繁多，对于不同的刀具，与之相适应的刀柄也有所不同，常用刀柄有以下几种形式：

1）整体式刀柄，如图 8—5 所示。
2）模块式刀柄，如图 8—6 所示。
3）转角刀柄，如图 8—7 所示。

图 8—5 整体式刀柄

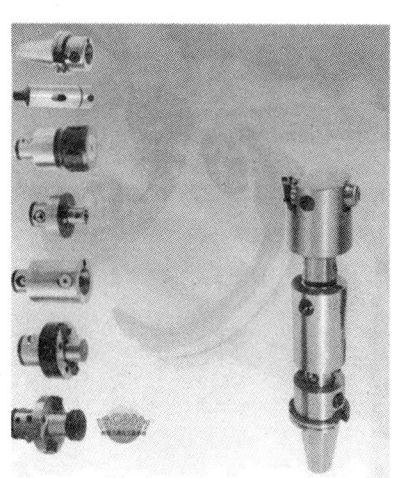 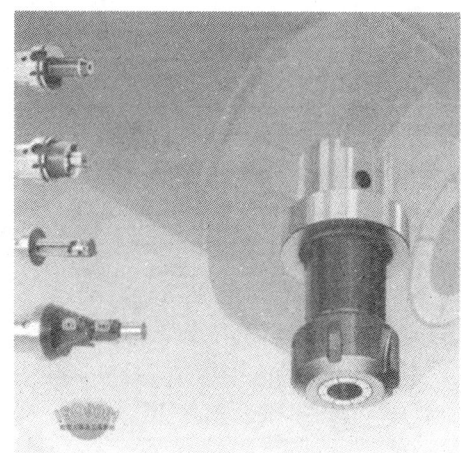

图 8—6 模块式刀柄

 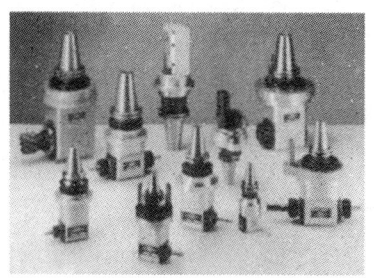

图 8—7 转角刀柄

4）孔加工用刀柄，如图 8—8 所示。

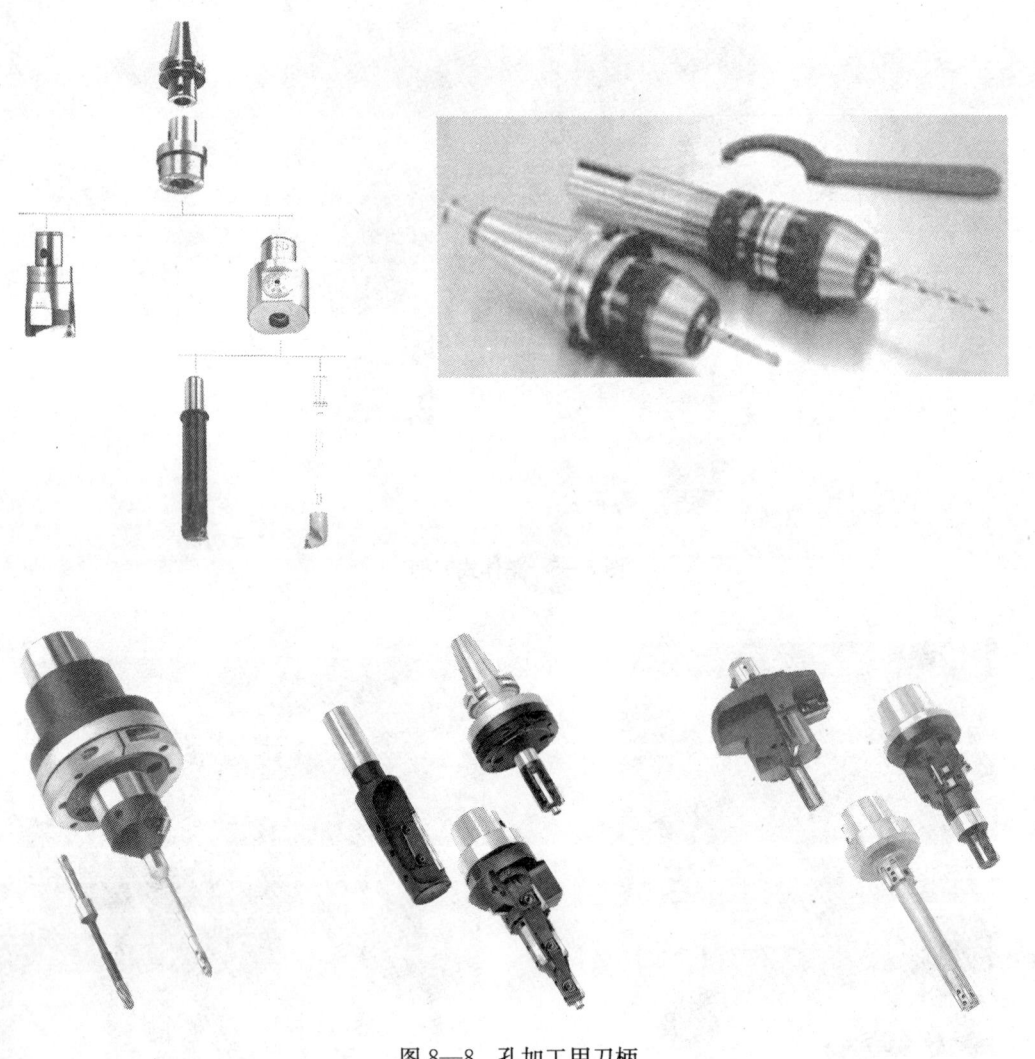

图 8—8　孔加工用刀柄

（2）刀具系统。加工中心常用的铣刀有端铣刀、立铣刀两种，也可用锯片铣刀、三面刃铣刀等。端铣刀如图 8—9a 所示，主要用来加工平面；立铣刀如图 8—9b 所示，立铣刀使用灵活，具有多种加工方式。

2. 镗铣加工中心刀库

（1）刀库类型。加工中心常用的刀库有盘式刀库和链式刀库两种。盘式刀库结构简单、紧凑，应用较多，一般存放刀具不超过 32 把，如图 8—10 所示。链式刀库多为轴向取刀，适用于刀库容量较大的数控机床，如图 8—11 所示。

（2）选刀方式。按数控装置的刀具选择方式指令，从刀库中挑选各工序所需要刀具的操作，称为自动选刀。常用的选刀方式有以下两种方式：

1）顺序选刀方式。刀具的顺序选择方式是将刀具按加工工序的顺序，依次放入刀库的每一个刀座内。每次换刀时，刀库按顺序转动一个刀座位置，并取出所需要的刀具。已使用

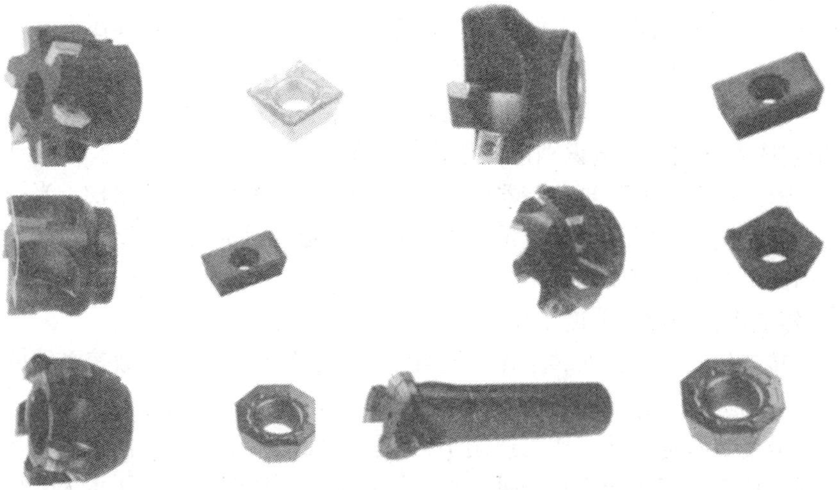

图 8—9 常用刀具
a) 端铣刀　b) 立铣刀

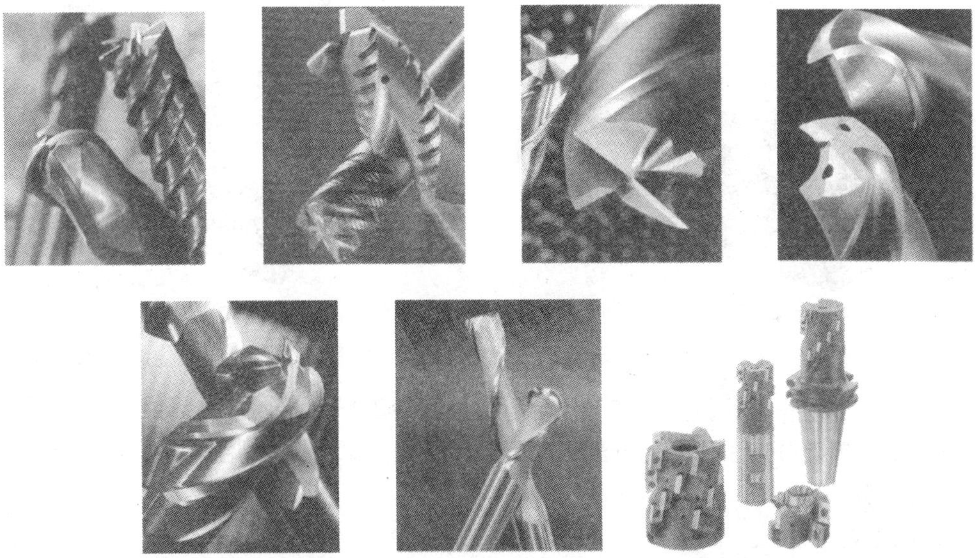

图 8—10 盘式刀库

图 8—11 链式刀库

过的刀具可以放回原来的刀座内，也可以按顺序放入下一个刀座内。

顺序选刀方式具有结构简单、工作可靠等优点，但由于刀库中的刀具在不同的工序中不能重复使用，因而降低了刀具和刀库的利用率。此外，人工装刀操作必须准确，一旦刀具在刀库中的顺序发生差错，将会造成严重事故。

2) 光电识别选刀方式。光电识别选刀方式是近年来出现的一种新技术，选刀时通过光学系统将刀具外形"信息图形"与存储器内指定刀具的"信息图形"相比较，当一致时，发出信号使该刀具停在换刀位置，由机械手将刀具取出。光电识别选刀方式选刀迅速、准确，但价格较贵，因此限制了它的使用。

3. 数控回转工作台和数控分度工作台

(1) 数控回转工作台。数控回转工作台同直线进给工作台一样，在数控系统的控制下完成工作台的圆周进给运动，并能同其他坐标轴实行联动，以完成复杂零件的加工；还可以做任意角度转位和分度。数控回转工作台适用于数控铣床和加工中心，可使机床增加一个或两个回转坐标，从而使三坐标机床实现四轴、五轴加工功能。如图8—12所示为数控回转工作台的典型结构。

图8—12 数控回转工作台

(2) 数控分度工作台。数控分度工作台与数控回转工作台不同，它只能完成分度运动。由于结构上的原因，分度工作台的分度运动只限于某些规定角度，如在0°～360°范围内每5°分一次或每1°分一次。

4. 常用工具

(1) 对刀器。对刀器的功能是测定刀具与工件的相对位置。其形式多样，如对刀量块、电子式对刀器等，其使用情况如图8—13所示。

(2) 找正器。找正器的作用是确定工件在机床上的位置值，即确定工作坐标系，它有机械式及电子式两种。电子式找正器需要内置电池，当其找正球接触工件时，发光二极管亮，其重复找正精度在 2 μm 以内。其结构及应用（测量孔径、台阶高度、槽宽、直径及坐标系设定）如图8—14所示。

(3) 光学数显对刀仪。图8—15所示为光学数显对刀仪。使用该对刀仪，可测量刀具的半径和长度，并进行记录，然后将刀具的测量数据输入机床的刀具补偿表中，供加工中进行刀具补偿时调用。

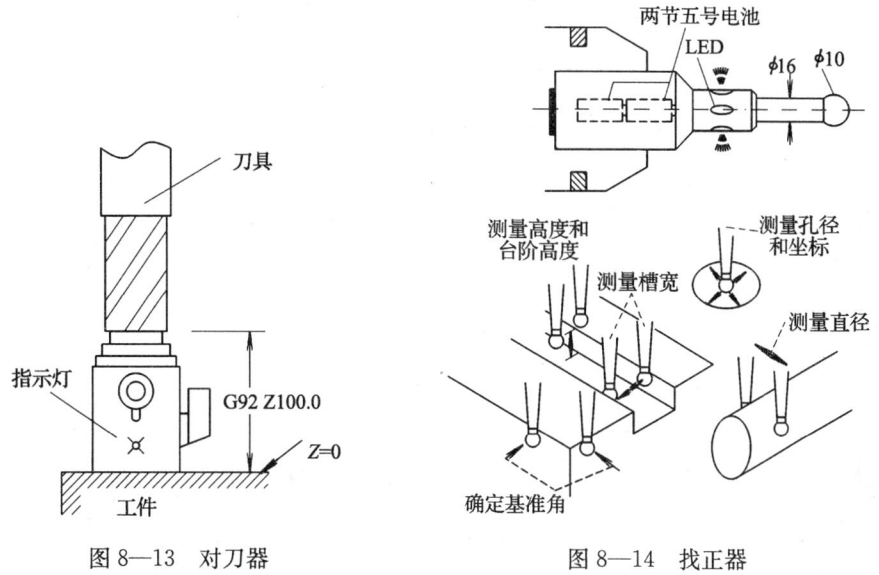

图8—13 对刀器　　　　图8—14 找正器

图8—15 光学数显对刀仪

§8—2 镗铣加工中心操作（FANUC系统）

一、控制面板

1. **手动数据输入面板**　此输入面板由CRT（显示器）和操作键盘组成，如图8—16所示。面板功能键及其作用见表8—1。

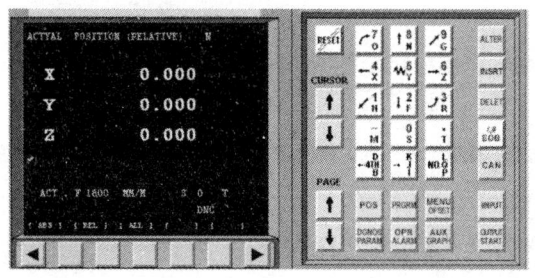

图8—16 手动数据输入面板

表 8—1　　　　　　　　　　　　面 板 功 能 键

功能键	作用
POS	坐标显示功能键。显示坐标的位置
PRGRM	程序显示页面功能键。显示程序内容
MENU OFSET	加工参数设定页面功能键。显示或输入偏置量
DGNOS PARAM	参数设置页面功能键。显示诊断数据或参数设置
OPR ALARM	报警信息显示页面功能键。显示报警和用户提示信息
AUX GRAPH	显示或输入设定，或选择图形模拟方式
CURSOR ↑ ↓	光标移动功能键。向下或向上移动光标
RESET	复位键。终止当前一切操作，CNC 系统复位
INPUT	数据输入键。输入刀具补偿参数值、工件坐标、MDI 指令值、CNC 系统参数设置或者输入一个外部程序
OUTPUT START	数据指令输出键，MDI 模式下输出当前指令，输出 CNC 内存程序、刀具参数以及系统参数至外部计算机
PAGE ↓ ↑	翻页功能键，可用于上下翻页
4 X	各种字符与数字键。用于输入数据到输入域，在输入过程中，系统根据输入顺序自动判别取字母还是取数字
ALTER	替代键。用输入域内的数据替代光标所在的数据
INSRT	插入键。把输入域中的数据插入到当前光标之后的位置
DELET	删除键。删除光标所在的数据，或者删除一个数控程序，或者删除全部数控程序
CAN	修改键。消除输入域内的数据。

2. 机床操作面板　机床操作面板主要由操作模式开关、主轴转速倍率调整开关、进给速度以及各种辅助功能开关和手轮等组成。各开关的位置结构由机床厂家自行设计制造，因此各机床厂家生产的机床功能开关面板有所不同。图 8—17 所示为 FANUC—0T 机床操作面板。

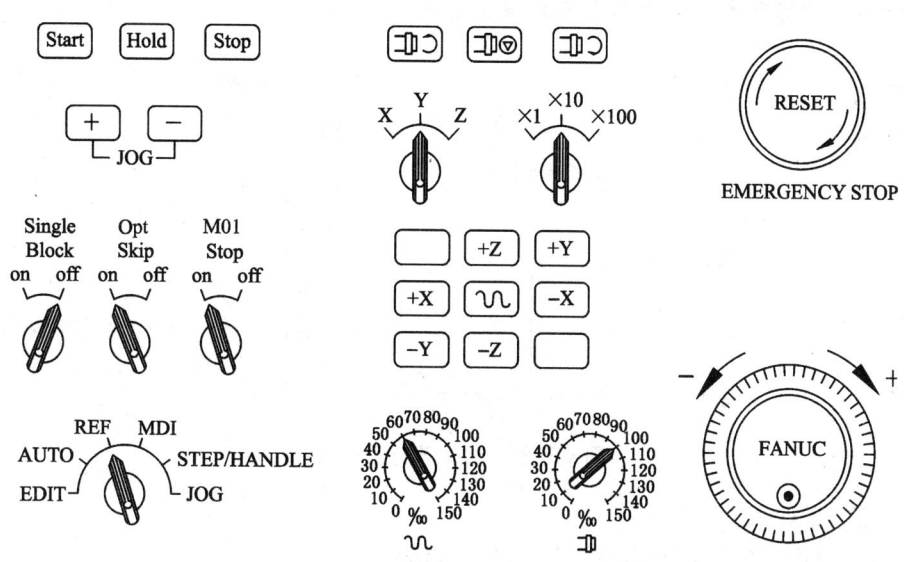

图 8—17　FANUC—0T 操作面板

二、机床操作

1. 数控机床的操作方式

(1) 手动方式 (STEP/HANDLE)。

1) 手动方式下完成机床回零操作 (REF)。

2) 手动进给 (手脉)。

3) 手动连续进给及快速进给 (JOG)。

4) 手动增量进给 (STEP/HANDLE)。

(2) 编辑方式 (EDIT)。

1) 程序的输入、调用、修改。

2) 刀具数据的输入、修改。

3) 零点偏置数据的输入、修改。

(3) 自动方式 (AUTO)。

1) 程序的调入、运行。

2) 单程序段的自动运行 (Single Block)。

3) 跳程序段的运行 (Skip)。

4) 程序的空运转。

(4) MDI 方式。

1) 程序的输入、运行。

2) 刀具的调用。

2. 零点偏置数据的获得及输入

(1) 数据获得。工件找正装夹后，必须精确测量工件编程零点在机床坐标系中的坐标值，并将其输入偏置寄存器中。

1) X、Y 坐标值的测量。

例 8—1 测量图 8—18 所示工件的编程零点值。

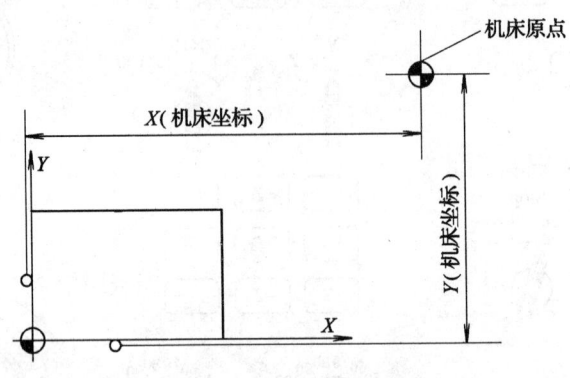

图 8—18 X、Y 坐标值的测量

工件编程零点 X、Y 值为：

$X = X$（机床坐标）$+ d/2$；$Y = Y$（机床坐标）$+ d/2$

式中　d——找正棒直径，mm。

例 8—2 测量图 8—19 所示工件的编程零点值。

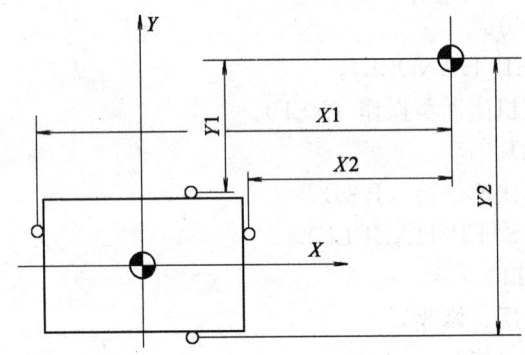

图 8—19 X、Y 坐标值的测量

工件编程零点 X、Y 值为：

$X = (X1 + X2)/2$；$Y = (Y1 + Y2)/2$

例 8—3 测量图 8—20 所示工件的编程零点值。

工件编程零点 X、Y 值为：

$X = (X1 + X2)/2$；$Y = (Y1 + Y2)/2$

注：用杠杆表找正工件中心与主轴中心同轴，也可直接获得工件的编程零点 X、Y 值。

2) Z 坐标值的测量。图 8—21 所示为测量工件的编程零点 Z 坐标值。

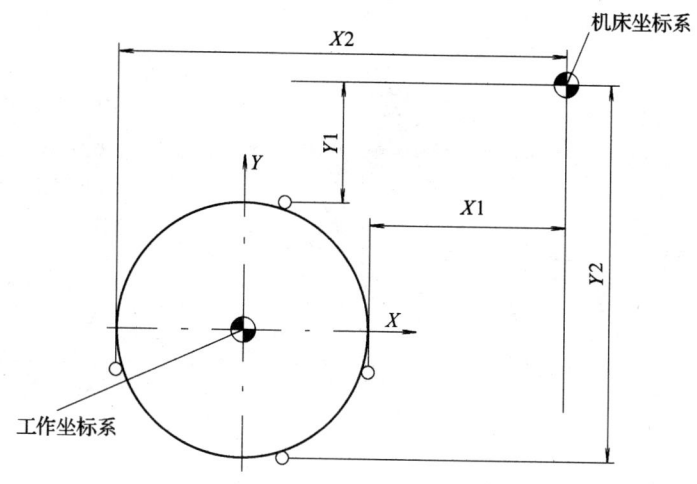

图 8—20 X、Y 坐标值的测量

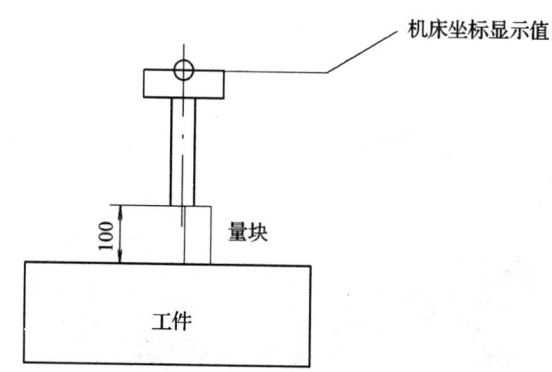

图 8—21 Z 坐标值的测量

在工件上放一块 100 mm 的量块（此量块为以后找正 Z 值用），使刀刃与量块微微接触，记录机床 Z 坐标值，则工件编程原点坐标值 Z_0 为：

$Z_0=Z-100$（一把刀具不用刀具长度补偿时）

$Z_0=Z-100-Z_{刀长}$（多把刀具使用刀具长度补偿时）

（2）输入零件零点偏置参数（G54～G59）值。

1）按 ▉ 键进入参数设定页面。

2）用"PAGE" ▉ 或 ▉ 键在 No1～No3 坐标系页面和 No4～No6 坐标系页面（如图 8—22 所示）之间切换。

3）用"CURSOR" ▉ 或 ▉ 键选择坐标系。

4）按数字键输入地址字（X/Y/Z）和数值到输入域。

5）按 ▉ 键，把输入域中间的内容输入到所指定的位置。

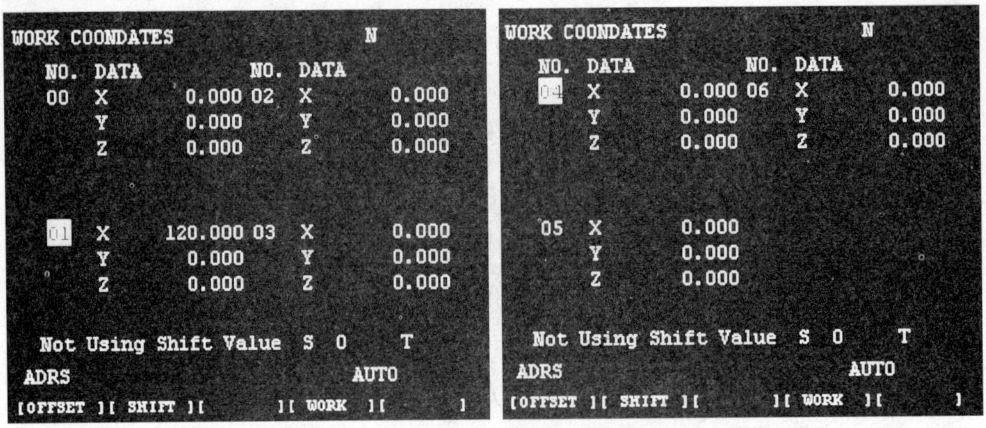

图 8—22　No1～No6 分别对应 G54～G59

3. 输入刀具补偿参数

(1) 输入刀具半径补偿参数。

1) 按 [MENU/OFFSET] 键进入参数设定页面。

2) 用 "PAGE" ↓ 或 ↑ 键选择刀具半径补偿参数页面，如图 8—23 所示。

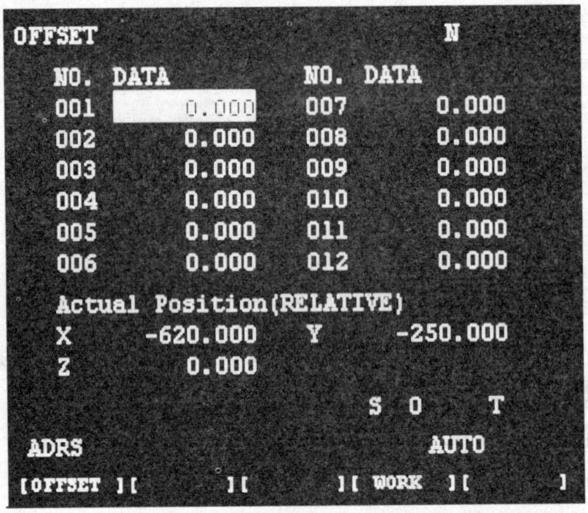

图 8—23　刀具半径补偿参数页面

3) 用 "CURSOR" ↓ 或 ↑ 键选择补偿参数编号。

4) 输入补偿值到输入域。

5) 按 [MENU/OFFSET] 键，把输入域中间的补偿值输入到所指定的位置。

(2) 输入刀具长度补偿参数。

1) 按 [MENU/OFFSET] 键进入参数设定页面。

2) 用 "PAGE" ↓ 或 ↑ 键选择刀具长度补偿参数页面，如图 8—24 所示。

3) 用 "CURSOR" ↓ 或 ↑ 键选择补偿参数编号。

4）输入补偿值到输入域。

5）按 ■ 键，把输入域中间的补偿值输入到所指定的位置。

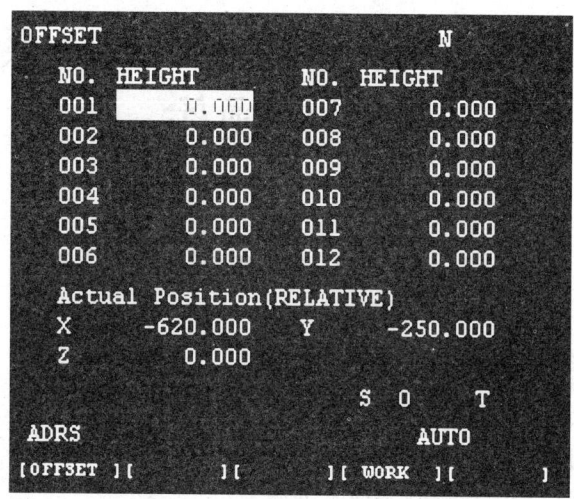

图 8—24　刀具长度补偿参数页面

复 习 题

1. 常见镗铣加工中心有哪几种形式？
2. 镗铣加工中心常用刀柄有哪几种？
3. 加工中心有哪几种类型的刀库和选刀方式？
4. 数控回转工作台和数控分度工作台有何区别？
5. 光学数显对刀仪有何作用？
6. 零点偏置数据如何获得和输入？
7. 刀具补偿数据如何输入？

第九章　SIEMENS 802D 系统编程与操作

§9—1　SIEMENS 802D 系统编程

一、NC 编程基本结构

1. 程序名称　在编制程序时按以下规则确定程序名：
(1) 开始的两个符号必须是字母。
(2) 其后的符号可以是字母、数字或下划线。
(3) 最多 16 个字符。
(4) 不得使用分隔符。

例如，ZLX1 _ 1

2. 程序结构和内容　NC 程序由若干个程序段组成，所采用的程序段格式属于可变程序段格式。

每一个程序段执行一个加工工步，每个程序段由若干个程序字组成，最后一个程序段包含程序结束符：M02 或 M30。请看如下程序：

ZLX1；
N10 T1 D1；
N20 G90 G54；
N30 G00 X30 Y20 Z5 S1500 M03；
N40 G01 Z—10 F100；
N50 G91 G02 X0 Y0 I30 J0；
N60 G90 G00 Z5；
N70 G00 X0 Y0；
N80 MIRROR X0；
N90 L10；
N100…；
⋮
N××× M30；

3. 程序字及地址符　程序字是组成程序段的元素，由程序字构成控制器的指令。程序字（如功能字 G1、F50，坐标字 X120.0 等）由以下几部分组成：
(1) 地址符。地址符一般是一个字母。
(2) 数值。数值是一个数值串，它可以带正负号和小数点，正号可以省略不写。

(3) 多个地址符。一个程序字可以包含多个字母，数值与字母之间还可以用符号"＝"隔开。

例如，CR=16.5，表示圆弧半径=16.5 mm。

此外，G 功能也可以通过一个符号名进行调用。例如，SCALE，即打开比例系数。

(4) 扩展地址。对于如下地址：

R　　　　　计算参数

H　　　　　H 功能

I，J，K　　　插补参数/中间点

可以通过 1～4 个数字进行地址扩展。在这种情况下，其数值可以通过"＝"进行赋值。例如：R10=5，H6=10，I1=30.6。

4. 程序段结构　程序段由若干个字和程序段结束符"L_F"组成。在程序编写过程中进行换行时或按输入键时，可以自动产生程序段结束符。

(1) 字顺序。程序段中有很多指令时建议按如下顺序：

N＿G＿X＿Y＿Z＿F＿S＿T＿D＿M＿H＿

(2) 程序段号说明。建议以 5 或 10 为间隔选择程序段号，以便修改插入程序段时赋予程序段号。

那些不需在每次运行中都执行的程序段可以被跳越过去，为此可在这样的程序段的段号之前输入斜线符"/"。通过操作机床控制面板或者通过 PLC 接口控制信号使跳跃程序段生效。

在程序运行过程中，一旦跳跃程序段生效，则所有带"/"符的程序段都不予执行，当然这些程序段中的指令也不予考虑。程序从下一个没带斜线符的程序段开始执行。

(3) 说明。利用加注释的方法可在程序中对程序段进行说明。注释可作为对操作者的提示显示在屏幕上。例如：

N10 G17 G54 G94 F100 S1200 M3 D2；　　　主程序

N20 G00 G90 X100 Y200

N30 G01 Y185.6

N40 X112

/N50 X118 Y180；　　　　　　　　　　　程序段可以被跳跃

N60 X150 Y120

N70 G00 G90 X200

N80 M02；　　　　　　　　　　　　　　　程序结束

5. SIEMENS 系统　G 功能格式

(1) SIEMENS 系统数控铣床和加工中心 G 功能格式见表 9—1。

表 9—1　　　　　　　　　　数控铣床和加工中心 G 功能格式

分类	分组	代码	意义	格式	备注
插补	1	G00	快速插补（笛卡尔坐标）	G00 X＿ Y＿ Z＿	
		G01	直线插补（笛卡尔坐标）	G01 X＿ Y＿ Z＿	

续表

分类	分组	代码	意义	格式	备注
插补	1	G02	顺时针圆弧（笛卡尔坐标，终点+圆心）	G02 X__ Y__ Z__ I__ J__ K__	X, Y, Z确定终点, I, J, K确定圆心
			顺时针圆弧（笛卡尔坐标，终点+半径）	G02 X__ Y__ Z__ CR=__	X, Y, Z确定终点, CR为半径（大于0为优弧, 小于0为劣弧）
			顺时针圆弧（笛卡尔坐标，圆心+圆心角）	G02 AR=__ I__ J__ K__	AR确定圆心角（0°~360°）, I, J, K确定圆心
			顺时针圆弧（笛卡尔坐标，终点+圆心角）	G02 AR=__ X__ Y__ Z__	AR确定圆心角（0°~360°）, X, Y, Z确定终点
		G03	逆时针圆弧（笛卡尔坐标，终点+圆心）	G03 X__ Y__ Z__ I__ J__ K__	
			逆时针圆弧（笛卡尔坐标，终点+半径）	G03 X__ Y__ Z__ CR=__	
			逆时针圆弧（笛卡尔坐标，圆心+圆心角）	G03 AR=__ I__ J__ K__	
			逆时针圆弧（笛卡尔坐标，终点+圆心角）	G03 AR=__ X__ Y__ Z__	
		CIP	圆弧插补（笛卡尔坐标，三点圆弧）	CIP X__ Y__ Z__ I1=__ J1=__ K1=__	1) X, Y, Z确定终点, I1, J1, K1确定中间点 2) 是否为增量编程对终点和中间点均有效
平面	6	G17	指定XY平面	G17	
		G18	指定ZX平面	G18	
		G19	指定YZ平面	G19	
增量设置	14	G90	绝对值编程	G90	
		G91	增量值编程	G91	
单位	13	G70	英制单位输入	G70	
		G71	公制单位输入	G71	
工作坐标	9	G53	取消工作坐标设定	G53	
	8	G54	工作坐标1	G54	
		G55	工作坐标2	G55	
		G56	工作坐标3	G56	
		G57	工作坐标4	G57	
复位	2	G74	回参考点（原点）	G74 X1=__ Y1=__ Z1=__	回原点的速度为机床固定值, 指定回参考点的轴不能有Transformation, 若有则需用TRAFOOF取消

续表

分类	分组	代码	意义	格式	备注
刀具补偿	7	G40	取消刀具补偿	G40	在指令 G40、G41 和 G42 的一行中必须同时有 G0 或 G1 指令（直线），且要指定一个当前平面内的一个轴，如在 XY 平面下，N20 G1 G41 Y50
		G41	左刀补	G41	
		G42	右刀补	G42	
	17	NORM	设置刀具补偿开始和结束为正常方法		
		KONT	设置刀具补偿开始和结束为其他方法		接近或离开刀具补偿路径的点为 G451 或 G450 计算的交点
	18	G450	刀具补偿时拐角走圆角	G450 DISC=___	DISC 的值为 0～100，为 0 时表示最大的圆弧，为 100 时与 G451 相同
		G451	刀具补偿时到交点时再拐角		

(2) SIEMENS 系统数控车床 G 功能格式见表 9—2。

表 9—2　　　　　　　　　　数控车床 G 功能格式

分类	分组	代码	意义	格式	备注
插补	1	G00	快速插补（笛卡尔坐标）	G00 X__ Z__	
		G01	直线插补（笛卡尔坐标）	G01 X__ Z__	
		G02	顺时针圆弧（笛卡尔坐标，终点+圆心）	G02 X__ Z__ I__ K__	X, Z 确定终点, I, K 确定圆心
			顺时针圆弧（笛卡尔坐标，终点+半径）	G02 X__ Z__ CR=__	X, Z 确定终点，CR 为半径（大于 0 为优弧，小于 0 为劣弧）
			顺时针圆弧（笛卡尔坐标，圆心+圆心角）	G02 AR=__ I__ K__	AR 确定圆心角（0°～360°），I, K 确定圆心
			顺时针圆弧（笛卡尔坐标，终点+圆心角）	G02 AR=__ X__ Z__	AR 确定圆心角（0°～360°），X, Z 确定终点
		G03	逆时针圆弧（笛卡尔坐标，终点+圆心）	G03 X__ Z__ I__ K__	
			逆时针圆弧（笛卡尔坐标，终点+半径）	G03 X__ Z__ CR=__	
			逆时针圆弧（笛卡尔坐标，圆心+圆心角）	G03 AR=__ I__ K__	
			逆时针圆弧（笛卡尔坐标，终点+圆心角）	G03 AR=__ X__ Z__	
		CIP	圆弧插补（笛卡尔坐标，三点圆弧）	CIP X__ Z__ I1=__ K1=__	1) X, Z 确定终点, I1, K1 确定中间点 2) 是否为增量编程对终点和中间点均有效

续表

分类	分组	代码	意义	格式	备注
增量设置	14	G90	绝对值编程	G90	
		G91	增量值编程	G91	
单位	13	G70	英制单位输入	G70	
		G71	公制单位输入	G71	
	9	G53	取消工作坐标设定	G53	
工作坐标	8	G54	工作坐标1	G54	
		G55	工作坐标2	G55	
		G56	工作坐标3	G56	
		G57	工作坐标4	G57	
复位	2	G74	回参考点（原点）	G74 X1=__ Z1=__	回原点的速度为机床固定值
刀具补偿	7	G40	取消刀具补偿	G40	在指令G40、G41和G42的一行中必须同时有G0或G1指令（直线），且要指定一个当前平面内的一个轴。如在XZ平面下，N20 G1 G41 X50
		G41	左刀补	G41	
		G42	右刀补	G42	
	17	NORM	设置刀具补偿开始和结束为正常方法		
		KONT	设置刀具补偿开始和结束为其他方法		接近或离开刀具补偿路径的点为G451或G450计算的交点
	18	G450	刀具补偿时拐角走圆角	G450 DISC=__	DISC的值为0～100，为0时表示最大的圆弧，为100时与G451相同
		G451	刀具补偿时到交点时再拐角		

6. 支持的M代码 支持的M代码见表9—3。

表9—3 支 持 的 M 代 码

代码	意义	格式	功能
M00	停止	M00	
M01	选择性暂停	M01	
M03	主轴顺时针旋转	M03	
M04	主轴逆时针旋转	M04	
M05	主轴停转	M05	

续表

代码	意义	格式	功能
M06	换刀	T×或T=×或Ty=×	选择第×号刀，×范围：0～32000，T0取消刀具
		M06	T生效且对应补偿D生效
M17	子程序结束	1) 若单独执行子程序则此功能与M02和M30相同 2) 自动取消G64模式	
M02	主程序结束		若主程序被其他程序调用，则功能同M17
M30	主程序结束且返回程序开头		

二、系统指令

1. 平面选择指令 G17～G19　G17选择 XY 平面；G18选择 ZX 平面；G19选择 YZ 平面。

2. 绝对值和增量值指令 G90、G91、AC、IC　G90和G91指令分别对应着绝对值数据输入和增量值数据输入。在位置数据不同于G90/G91的设定时，可在程序段中通过AC/IC以绝对尺寸/相对尺寸方式进行设定。G90和G91编程举例：

N10 G90 X20 Y90;　　　　　　　绝对值尺寸
N20 X70 Y=IC（−30）;　　　　　X仍为绝对值尺寸，Y是增量值尺寸
N150 G91 X40 Y20;　　　　　　 转换为增量值尺寸
N160 X−15 Y=AC（16）;　　　　X仍为增量值尺寸，Y是绝对值尺寸
…;

3. 公制尺寸/英制尺寸指令 G70、G71、G700、G710
功能说明：G71;　　　　公制尺寸
　　　　　G70;　　　　英制尺寸
　　　　　G710;　　　 公制尺寸，也适用于进给率 F
　　　　　G700;　　　 英制尺寸，也适用于进给率 F

4. 极坐标、极点定义指令 G110、G111、G112　通常情况下一般使用直角坐标系，但对于特殊工件上的点也可以用极坐标定义。

(1) 平面选择。极坐标使用平面为G17～G19平面。也可以设定垂直于该平面的第三根轴的坐标值，在此情况下，可以作为柱面坐标系编制三维坐标尺寸。

(2) 极坐标参数。

极坐标半径 RP=_____，极坐标半径定义该点到极点的距离。

极坐标角度 AP=_____，极角是指与所在平面中的横坐标之间的夹角（比如 G17 中的 X 轴），该角度可以是正角，也可以是负角。

图9—1所示为在不同平面中正方向的极坐标半径和极角。

功能说明：G110; 极点定义，相对于上次编程的设定位置（在平面中，如G17）。
　　　　　G111; 极点定义，相对于当前工作坐标系的零点（在平面中，如G17）。
　　　　　G112; 极点定义，相对于最后有效的极点，平面不变。

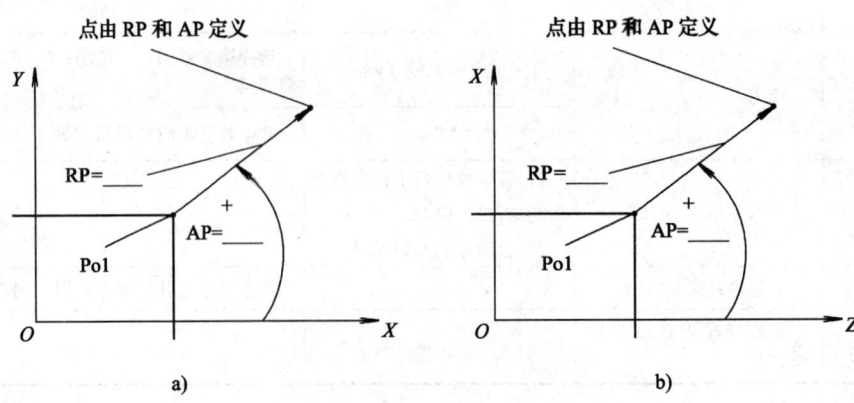

图 9—1 在不同平面中正方向的极坐标半径和极角
a) G17（XY平面） b) G18（ZX平面）

注：①当一个极点已经存在时，极点也可以用极坐标定义。
②如果没有定义极点，则当前工作坐标系的零点就作为极点使用。
③在极坐标中运行，可以把极坐标编程的位置作为用直角坐标编程的位置运行。

例 9—1 极坐标编程举例。

N10 G17；	XY平面
N20 G111 X17 Y36；	在当前工作坐标系中的极点坐标
…	
N80 G112 AP=45 RP=27.8；	新的极点，相对于上一个极点，作为一个极坐标
N90 …AP=12.5 RP=47.679；	极坐标
N100…AP=26.3 RP=7.34 Z4；	极坐标和Z轴（=柱面坐标）

5. 可编程的零点偏置指令 TRANS、ATRANS 如果工件上在不同的位置有重复出现的形状要加工，或者选用了一个新的参考点，在这种情况下就需要使用可编程零点偏置。由此产生一个当前工作坐标系，新输入的尺寸均是在该坐标系中的数据尺寸。可以在所有坐标轴中进行零点偏移，如图 9—2 所示。

格式：TRANS X__ Y__ Z__；	可编程的偏移，清除所有有关偏移、旋转、比例系数、镜像的指令
ATRANS X__ Y__ Z__；	可编程的偏移，附加于当前的指令
TRANS；	不带数值，清除所有有关偏移、旋转、比例系数、镜像的指令

TRANS/ATRANS 指令要求一个独立的程序段。

例 9—2 用零点偏置指令编程。

N20 TRANS X20 Y15…；	可编程零点偏移
N30 L10；	子程序调用，其中包含带偏移的几何量
…	
N70 TRANS；	取消偏移
…	

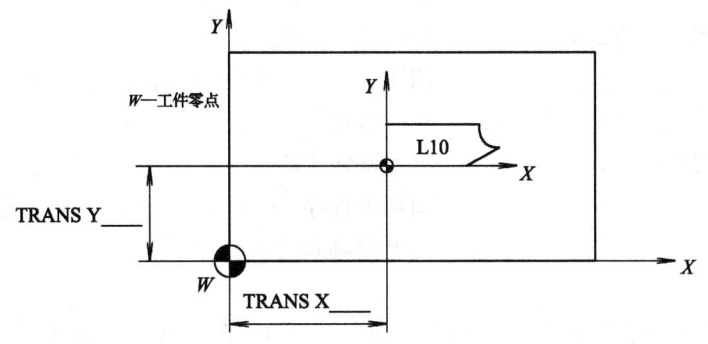

图 9—2 可编程的零点偏移

6. 可编程旋转指令 ROT、AROT 在当前的平面 G17 或 G18 或 G19 中执行旋转，值为 RPL=____，单位是（°）。如图 9—3 所示为在不同的平面中旋转角正方向的定义。

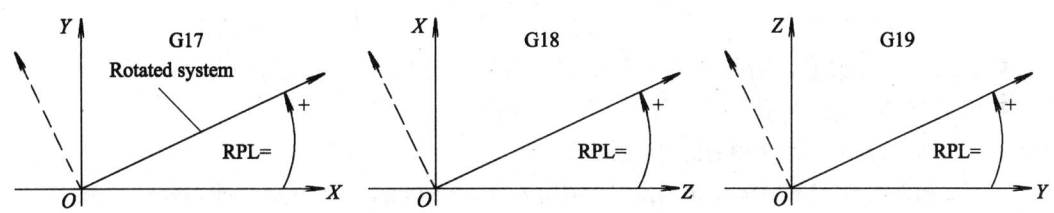

图 9—3 在不同的平面中旋转角正方向的定义

格式：ROT RPL=__； 可编程旋转，删除以前的偏移、旋转、比例系数和镜像指令。
　　　AROT RPL __； 可编程旋转，附加于当前的指令。
　　　ROT； 　　　　没有设定值，删除以前的偏移、旋转、比例系数和镜像指令。
ROT/AROT 指令要求一个独立的程序段。

例 9—3 按图 9—4 所示用旋转指令编程。

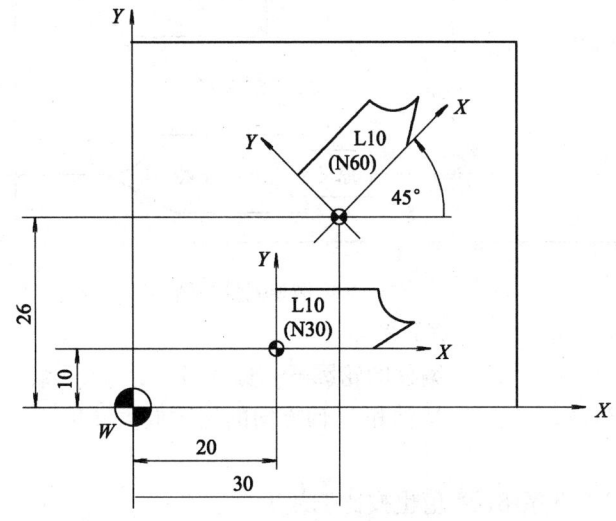

图 9—4 可编程的偏移和旋转编程举例

N10 G17 __ ;　　　　　　　　XY平面
N20 TRANS X20 Y10；　　　　 可编程的偏置
N30 L10；　　　　　　　　　 调用子程序，含有待偏移的几何量
N40 TRANS X30 Y26；　　　　 新的偏移
N50 AROT RPL=45；　　　　　 附加旋转 45°
N60 L10；　　　　　　　　　 调用子程序
N70 TRANS；　　　　　　　　 删除偏移和旋转
…

7. 可编程的比例缩放指令 SCALE、ASCALE　使用 SCALE、ASCALE 指令，可以为所有坐标轴按编程的比例系数进行缩放，按此比例使所给定的轴放大或缩小若干倍。当前设定的坐标系作为比例缩放的基准。

格式：SCALE X __ Y __ Z __ ；可编程的比例系数，清除所有有关偏移、旋转、比例系数、镜像的指令

ASCALE X __ Y __ Z __ ；可编程的比例系数，附加于当前的指令
SCALE；不带数值，清除所有有关偏移、旋转、比例系数、镜像的指令
SCALE/ASCALE 指令要求一个独立的程序段。
说明：①图形为圆时，两个轴的比例系数必须一致。
②如果在 SCALE/ASCALE 有效时，编制 ATRANS 功能，则偏移量也同样被同比例缩放。

例 9—4　按图 9—5 所示用比例缩放指令编程。

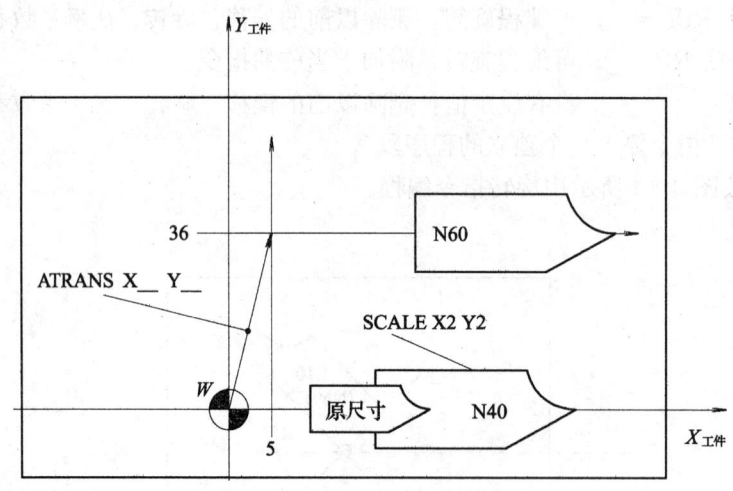

图 9—5　比例和偏量举例

N10 G17；　　　　　　　　　XY平面
N20 L10；　　　　　　　　　编程的轮廓——原尺寸
N30 SCALE X2 Y2；　　　　　X 轴和 Y 轴方向的轮廓放大 2 倍
N40 L10
N50 ATRANS X2.5 Y18；　　　值也按比例放大
N60 L10；　　　　　　　　　轮廓放大和偏置

8. 可编程的镜像指令 MIRROR、AMIRROR 用 MIRROR 和 AMIRROR 指令可以对工件镜像加工。编制了镜像加工的坐标轴，其所有运动都以反向运行。编程举例：

MIRROR X0 Y0 Z0；　　可编程的镜像功能，清除所有有关偏移、旋转、比例系数的指令

AMIRROR X0 Y0 Z0；　　可编程的镜像功能，附加于当前的指令上

MIRROR；　　　　　　不带数值，清除所有有关偏移、旋转、比例系数的指令

MIRROR/AMIRROR 指令要求一个独立的程序段。坐标轴的数值没有影响，但必须要定义一个数值。

说明：①在镜像功能有效时，已经使用的刀具半径补偿（G41/G42）自动反向。
②在镜像功能有效时，旋转方向 G2/G3 自动反向。在不同的坐标轴中，镜像功能对使用的刀具半径补偿和 G2/G3 的影响，如图 9—6 所示。

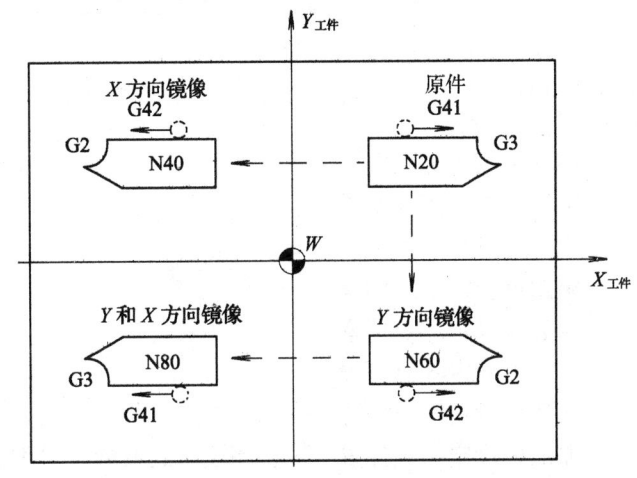

图 9—6　镜像功能举例

例 9—5　用镜像指令编程。

…

N10 G17；　　　　　　　XY 平面，Z 垂直于该平面
N20 L10；　　　　　　　编程的轮廓，带 G41
N30 MIRROR X0；　　　　在 X 轴上改变方向加工
N40 L10；　　　　　　　镜像的轮廓
N50 MIRROR Y0；　　　　在 Y 轴上改变方向加工
N60 L10
N70 AMIRROR X0；　　　 在 Y 轴镜像的基础上 X 轴再镜像
N80 L10；　　　　　　　轮廓镜像两次加工
N90 MIRROR；　　　　　 取消镜像功能

…

9. 工件装夹——可设定的零点偏置指令 G53、G54～G59、G500、G153　可设定的零点偏置给出工件零点在机床坐标系中的位置（工件零点以机床零点为基准偏移）。当工件装

夹到机床上后用对刀求出偏移量，并通过操作面板输入到零点偏置数据区。程序可以通过选择相应的 G 功能 G54～G59 调用此值，如图 9—7 和图 9—8 所示。也可以通过对某机床轴设定一个旋转角，使工件呈一角度装夹。该旋转角可以在 G54～G59 调用时同时有效。

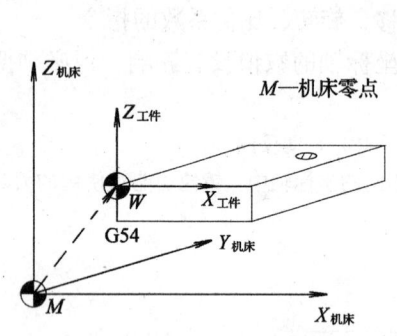

图 9—7 可设定的零点偏置

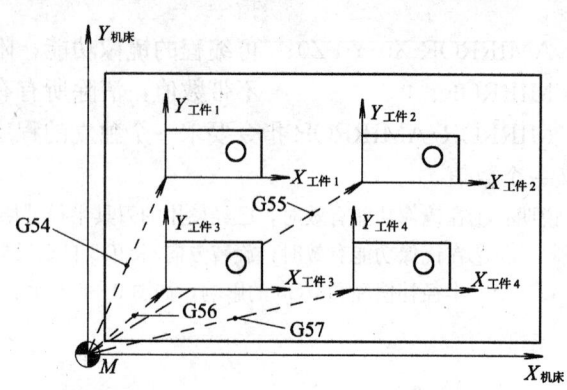

图 9—8 在钻削/铣削时可几个工件同时安装，设多个零点

功能说明：G54；　　第一可设定零点偏置
　　　　　G55；　　第二可设定零点偏置
　　　　　G56；　　第三可设定零点偏置
　　　　　G57；　　第四可设定零点偏置
　　　　　G58；　　第五可设定零点偏置
　　　　　G59；　　第六可设定零点偏置
　　　　　G500；　取消可设定零点偏置——模态有效
　　　　　G53；　　取消可设定零点偏置——程序段方式有效，可编程的零点偏置也一起取消
　　　　　G153；　同 G53，取消附加的基本偏置

例 9—6 按图 9—8 所示用可设定的零点偏置指令编程。

N10 G54 ＿；　　　　调用第一个可设定零点偏置
N20 L47；　　　　　加工工件 1，调用子程序 L47
N30 G55 ＿；　　　　调用第二个可设定零点偏置
N40 L47；　　　　　加工工件 2，调用子程序 L47
N50 G56 ＿；　　　　调用第三个可设定零点偏置
N60 L47；　　　　　加工工件 3，调用子程序 L47
N70 G57；　　　　　调用第四个可设定零点偏置
N80 L47；　　　　　加工工件 4，调用子程序 L47
N90 G500 G00 X ＿＿；取消可设定零点偏置

10. 可编程的工作区域限制指令 G25、G26、WALIMON、WALIMOF

　　格式：G25 X ＿ Y ＿ Z ＿；　　工作区域下限
　　　　　G26 X ＿ Y ＿ Z ＿；　　工作区域上限
　　　　　WALIMON；　　　　　　使用工作区域限制

WALIMOF；　　　　　　　工作区域限制取消

说明：①G25/G26 可以与地址 S 一起用于限定主轴转速。

②坐标轴只有在回参考点之后，工作区域限制才有效。

例 9—7　按图 9—9 所示用工作区域限制指令编程。

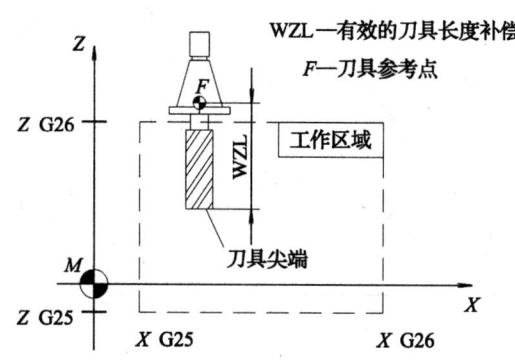

图 9—9　可编程的工作区域限制

程序：

N10 G25 X10 Y—20 Z30；　　　　工作区域限制下限值

N20 G26 X400 Y110 Z300；　　　　工作区域限制上限值

N30 T1 M6

N40 G00 X90 Y100 Z180

N50 WALIMON；　　　　　　　使用工作区域限制

…；　　　　　　　　　　　　仅在工作区域内

N90 WALIMOF；　　　　　　　工作区域限制取消

主轴转速限制举例：

N10 G25 S12；　　　　　　　　主轴转速下限 12r/min

N20 G26 S2500；　　　　　　　主轴转速上限 2 500r/min

11. 快速直线移动指令 G00

例 9—8　快速直线移动指令编程。

N10 G00 X100 Y150 Z65；　　　　直角坐标系

…

…

N50 G00 RP=16.78 AP=45；　　　极坐标系

12. 带进给率的直线插补指令 G01　G01 是模态指令，一直有效，直到被 G 功能组中其他的指令（G00、G02、G03…）取代为止。

格式：G01 X__ Y__ Z__ F__；　　　直角坐标系

　　　G01 AP=__ RP=__ F__；　　　极坐标系

　　　G01 AP=__ RP=__ Z__ F__；　　柱面坐标系（三维）

说明：另外还可以使用角度 ANG=__ 进行线性编程。

例 9—9　按图 9—10 所示用带进给率的直线插补指令编程。

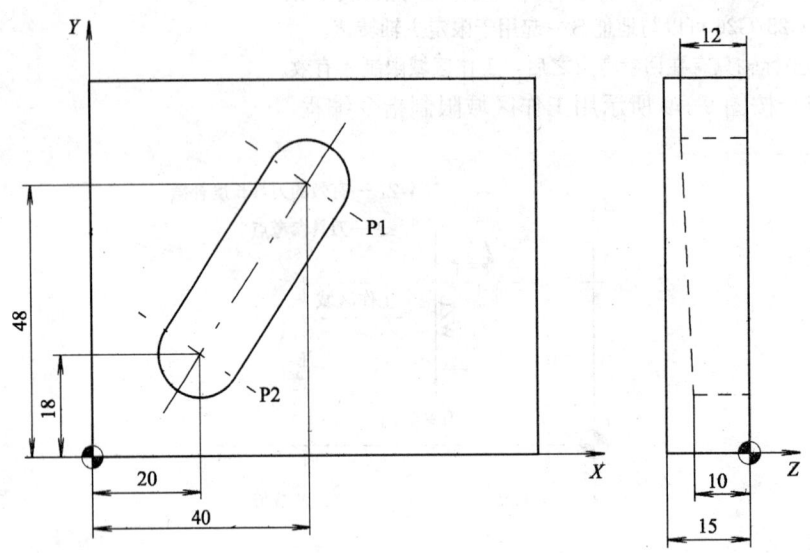

图 9—10

N5 G00 G90 X40 Y48 Z5 S500 M03; 刀具快速移动到 P1，三轴同时运动，主轴转速＝500r/min，顺时针旋转

N10 G01 Z−12 F100; 进刀到 Z−12 mm，进给率 100 mm/min

N15 X20 Y18 Z−10; 刀具在空中沿直线运行到 P2

N20 G00 Z100; 快速移动抬刀

N25 X−20 Y80;

N30 M2; 程序结束

13. 圆弧插补指令 G02、G03

功能说明：G02；顺时针方向圆弧插补；
G03；逆时针方向圆弧插补。

圆弧插补 G02/G03 在 3 个平面中方向的规定如图 9—11 所示。所要求的圆弧可以用不同的方式进行描述，如图 9—12 所示。

格式：G02/G03 X__ Y__ I__ J__；圆弧终点和圆心
G02/G03 CR=__ X__ Y__；半径和圆弧终点

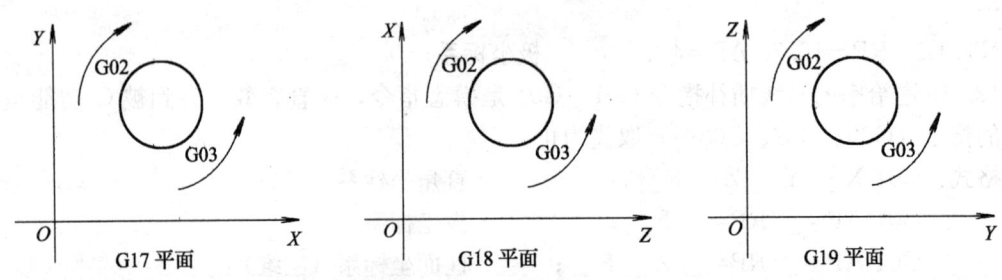

图 9—11 圆弧插补 G02/G03 在 3 个平面中的方向规定

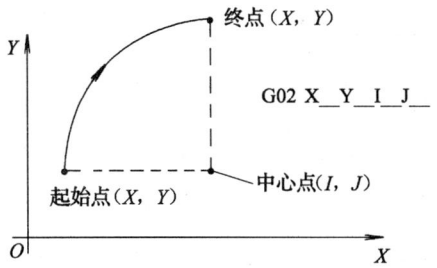
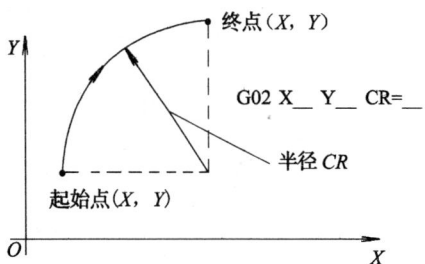
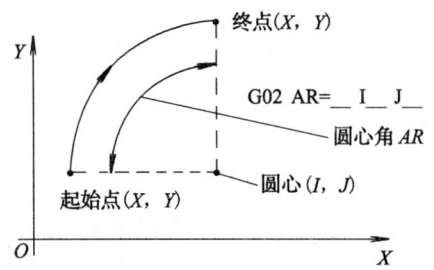
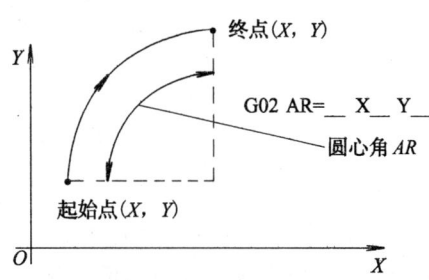

图 9—12　用 G02/G03 圆弧编程的方法（举例：X/Y 轴）

G02/G03 AR=__ I__ J__；　　　圆心角和圆心
G02/G03 AR=__ X__ Y__；　　　圆心角和圆弧终点
G02/G03 AP=__ RP=__；　　　极坐标和极点圆弧

如图 9—13 所示，CR=－__中的负号说明圆弧段大于半圆；CR=＋__中的正号说明圆弧段小于或等于半圆。

例 9—10　圆心和终点定义的编程，如图 9—14 所示。

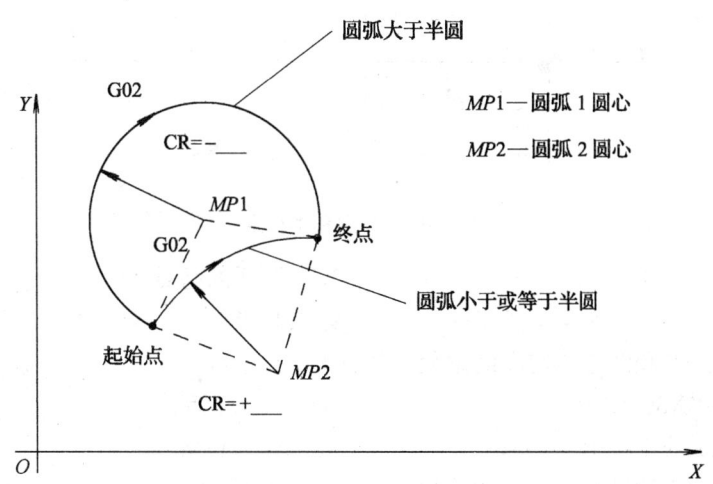

图 9—13　在使用半径定义的程序段中，使用 CR＝的符号选择正确的圆弧

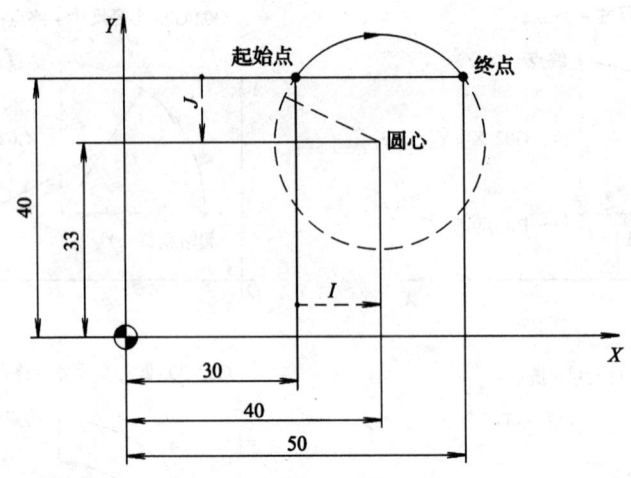

图 9—14 圆心和终点坐标定义

N5 G90 G00 X30 Y40；　　　　　　N10 圆弧的起点
N10 G02 X50 Y40 I10 J—7；　　　　终点和圆心（圆心坐标是增量值）

例 9—11 终点和半径定义的编程，如图 9—15 所示。

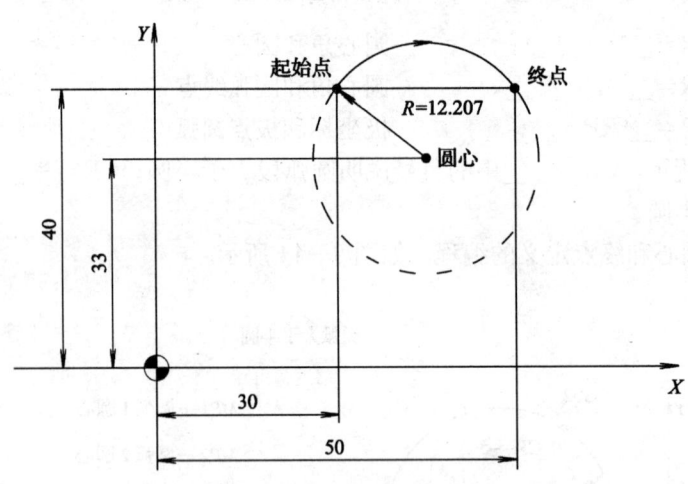

图 9—15 终点和半径定义

N5 G90 G00 X30 Y40；　　　　　　N10 圆弧的起点
N10 G02 X50 Y40 CR=12.207；　　 终点和半径

例 9—12 终点和圆心角定义的编程，如图 9—16 所示。

N5 G90 G00 X30 Y40；　　　　　　N10 圆弧的起点
N10 G02 X50 Y40 AR=105；　　　　终点和圆心角

例 9—13 圆心和圆心角定义的编程，如图 9—17 所示。

N5 G90 G00 X30 Y40；　　　　　　N10 圆弧的起点

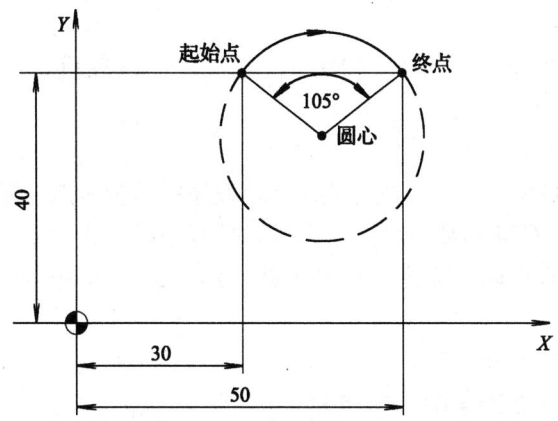

图 9—16 终点和圆心角定义

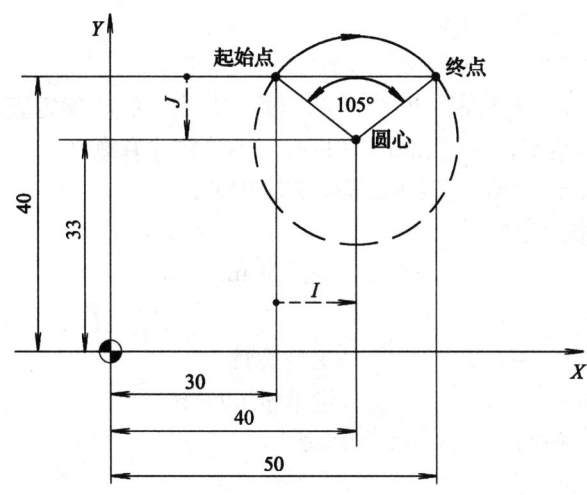

图 9—17 圆心和圆心角定义

N10 G02 I10 J-7 AR=105;　　　　　　圆心和圆心角

14. **螺旋插补指令 G2/G3、TURN**　螺旋插补由两种运动组成，即在 G17、G18 或 G19 平面中进行的圆弧运动和垂直于该平面的直线运动。用指令 TURN=__编制整圆循环螺旋线，附加到圆弧编程中，即可加工螺旋线。螺旋插补可以用于铣削螺纹，或者用于加工油缸的润滑油槽。

格式：G2/G3 X__ Y__ I__ J__ TURN=__;　　　　圆心和终点
　　　G2/G3 CR=__ X__ Y__ TURN=__;　　　　　圆半径和终点
　　　G2/G3 AR=__ I__ J__ TURN=__;　　　　　 圆心角和圆心
　　　G2/G3 AR=__ X__ Y__ TURN=__;　　　　　圆心角和终点
　　　G2/G3 AP__ RP__ TURN=__;　　　　　　　极坐标系，极点圆弧

例 9—14　螺旋插补指令编程。

N10 G17;　　　　　　　　　　　　　　XY平面，Z垂直于该平面

N20 G01 Z0 F200；
N30 G1 X0 Y50 F80；   回起始点
N40 G3 X0 Y0 Z−33 I0 J−25 TURN=3；   螺旋线
…
…

15. 回参考点指令 G74　用 G74 指令实现 NC 程序中回参考点功能，每个轴的方向和速度都存储在机床数据中。G74 需要一独立程序段，且程序段方式有效。机床坐标轴的名称必须编程。在 G74 之后的程序段中原先"插补方式"组中的 G 指令（G0、G1、G2…）将再次生效。

例 9—15　回参考点指令编程。
N10 G74 X1=0 Y1=0 Z1=0；

说明：程序段中在 X1、Y1 和 Z1（在此为 0）下编程的数值不识别，必须写入。

16. 进给率指令 F

格式：F __；每分钟的进给率

说明：在取整数值方式下可以取消小数点后面的数据，如 F300。

进给率的单位由 G 功能确定，即 G94 和 G95。其中，G94 确定直线进给率，单位 mm/min；G95 确定旋转进给率，单位 mm/r（只有主轴旋转才有意义）。

说明：这些数值以公制尺寸给出，这里也可采用英制尺寸。

例 9—16　进给率指令编程。
N10 G94 F310；   进给量 mm/min
…
N110 S200 M3；   主轴旋转
N120 G95 F2.5；   进给量 mm/r

说明：G94 和 G95 更换时要求写入一个新的地址 F。

17. 暂停指令 G4

格式：G4 F __；   暂停时间（s）
　　　G4 S __；   暂停主轴转数

例 9—17　暂停指令编程。
N5 G1 Z−50 F200 S300 M3；   进给率 F，主轴转速 S
N10 G4 F2.5；   暂停 2.5s
N20 Z70；
N30 G4 S30；   主轴暂停 30r，相当于在 $S=300$ r/min 和转速修正 100% 时，暂停 $t=0.1$ min
N40 X __；   进给率和主轴转速继续有效

说明：G4 S__ 只有在受控主轴情况下才有效（当转速给定值同样通过 S__ 编程时）。

18. 主轴转速 S 及旋转方向控制指令 M3、M4、M5　当机床具有受控主轴时，主轴的转速可以用地址 S 编程，单位为 r/min。旋转方向和主轴运动的起点和终点通过 M 指令规定。

功能说明：M3；主轴正转；

M4；主轴反转；

M5；主轴停止。

如果在程序段中不仅有 M3 或 M4 指令，而且还写有坐标轴运行指令，则 M 指令在坐标轴运行之前生效。

缺省设定：当主轴运行之后（M3、M4），坐标轴才开始运行。如程序段中有 M5，坐标轴在主轴停止之前就开始运动。可以通过程序结束或复位停止主轴。程序开始时主轴转速为零有效（S0）。

说明：其他的可以通过机床数据进行设定。

例 9—18 主轴转速 S 及旋转方向控制指令编程。

N10 G1 X70 Z20 F300 S270 M3；　　在 X、Z 轴运行之前，主轴以 270 r/min 启动，旋转方向为顺时针

……

N80 S450；　　改变转速

……

N170 G0 Z180 M5；　　Z 轴运行，主轴停止

19. 刀具补偿　使用刀具补偿功能对工件的加工进行编程时，无需考虑刀具长度或刀具半径，可以直接根据图样尺寸对工件进行编程，如图 9—18 所示。

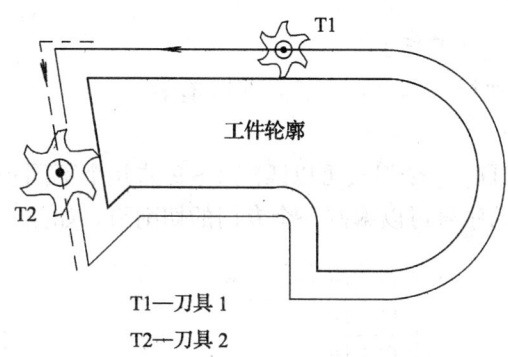

图 9—18　用不同半径的刀具加工工件的刀具补偿示意图

刀具参数单独输入到刀具参数存储区。在程序中只要调用所需的刀具号及补偿参数号，控制器即可利用这些参数自动计算轨迹补偿，从而加工出所要求的工件。图 9—19 所示为返回工件表面 Z0——不同的长度补偿。

20. 刀具选择指令 T　用 T 指令编程可以选择刀具。有两种方法来执行：一种是用 T 指令直接更换刀具，另一种是仅仅进行刀具的预选，换刀还必须由 M06 来执行。选择哪一种，必须在机床参数中确定。

格式：T__；　　刀具号：1～32 000，T0 表示没有刀具

说明：系统中最多同时存储 32 把刀具

例 9—19 刀具选择指令编程。

不用 M06 更换刀具：

N10 T1；　　　　刀具 1

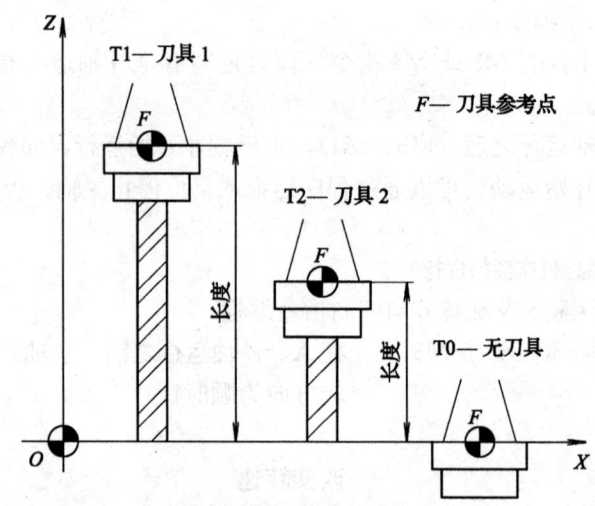

图 9—19 返回工件表面 Z0——不同的长度补偿

...

N70 T588；　　　刀具 588

用 M06 更换刀具：

N10 T14；　　　预选刀具 14

N15 M06；　　　执行刀具更换，然后 T14 有效

...

21. 刀具补偿号指令 D　一个刀具可以匹配 1~9 的几个不同补偿的数据组（用于多个切削刃）。用 D 及其相应的序号可以编制一个专门的切削刃，如图 9—20 所示。

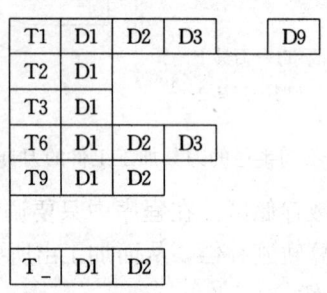

图 9—20 刀具补偿号匹配举例

如果没有编写 D 指令，则 D1 自动生效；如果编程为 D0，则刀具补偿无效。

刀具更换后，程序中调用的刀具长度补偿、半径补偿立即生效；如果没有编程 D 补偿号，则 D1 值自动生效。先编程的长度补偿先执行，对应的坐标轴也先运行。刀具半径补偿必须与 G41、G42 一起执行。

例 9—20　刀具补偿号指令编程。

不用 M06 更换刀具（只用 T）：

N5 G17；　　　确定待补偿的平面

N10 T1;	刀具 1，补偿 D1 值生效
N11 G00 Z __;	G17 平面中，Z 是刀具长度补偿，长度补偿在此覆盖
N50 T4 D2;	更换刀具 4，T4 中 D2 值生效
…	
N70 G0 Z __ D1;	刀具 4 中 D1 值生效，在此仅更换切削刃

用 M06 更换刀具：

N5 G17;	确定待补偿的平面
N10 T1;	预选刀具
…	
N15 M06;	更换刀具，T1 中 D1 值生效
N16 G0 Z __;	在 G17 平面中，Z 是刀具长度补偿，长度补偿在此覆盖
…	
N20 G0 Z __ D2;	刀具 1 中 D2 值生效，D1→D2 长度补偿的差值在此覆盖
N50 T4;	刀具预选 T4，注意：T1 中 D2 仍然有效
…	
N55 D3 M06;	更换刀具，T4 中 D3 值有效
…	
…	

22. 刀具半径补偿指令 G41、G42　刀具在所选择的平面 G17～G19 平面中带刀具半径补偿工作。刀具必须有相应的 D 补偿号才能有效。刀具半径补偿通过 G41/G42 生效。控制器自动计算出当前刀具运行所产生的与编程轮廓等距离的刀具轨迹，刀具半径补偿如图 9—21 所示。

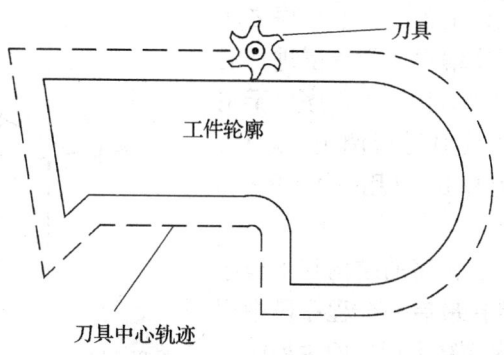

图 9—21　刀具半径补偿（切削刃半径补偿）

格式：G41 G00/G01 X __ Y __;　　　刀具半径补偿在工件轮廓左边有效
　　　G42 G00/G01 X __ Y __;　　　刀具半径补偿在工件轮廓右边生效

23. 取消刀具半径补偿指令 G40　用 G40 取消刀具半径补偿，G40 指令之前的程序段刀具以正常方式结束，结束时补偿矢量垂直于轨迹终点切线处。取消刀具半径补偿如图 9—22 所示。

在运行 G40 程序段之后，刀尖到达编程终点。选择 G40 程序段编制终点时要确保运行

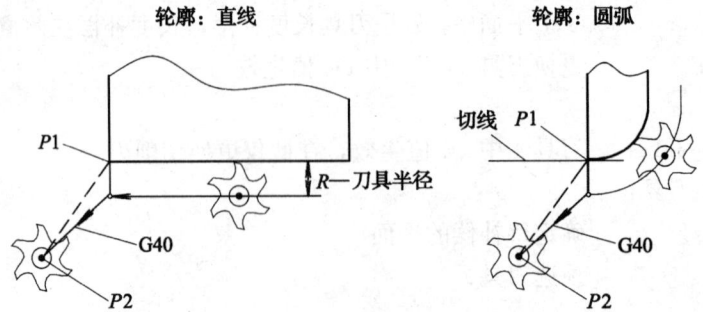

图 9—22 取消刀具半径补偿

不会发生碰撞,撤销刀尖半径补偿的距离必须大于刀具半径。

格式:G40 G01 X __ Y __;取消刀具半径补偿

注意:只有在直线插补 G0、G1 情况下才可以取消刀具半径补偿。

24. 辅助功能指令 M

格式:M __

M 功能在坐标轴运行程序段中的作用情况:如果 M0、M1、M2 功能位于一个有坐标轴运行指令的程序段中,则只有在坐标轴运行之后,这些功能才会有效。对于 M3、M4、M5 功能,则在坐标轴运行之前信号就传送到内部的接口控制器中。只有当受控主轴按 M3 或 M4 启动之后,坐标轴才开始运行。在执行 M5 指令时并不等待主轴停止,坐标轴已经在主轴停止之前开始运动。其他 M 功能信号与坐标轴运行信号一起输出到内部接口控制器上。如果需要在坐标轴运行之前或之后编制一个 M 功能,则必须编制一个独立的 M 功能程序段。

25. 子程序 原则上讲主程序和子程序之间并没有什么区别。用子程序编写经常重复进行的加工,比如某一确定的轮廓形状。子程序位于主程序中适当的地方,在需要时进行调用、运行,可简化程序编制。子程序的应用如图 9—23 所示。

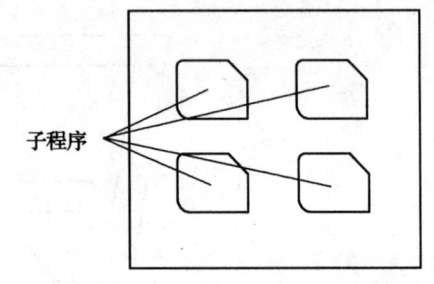

图 9—23 一个工件加工中 4 次使用子程序

(1)子程序的结构。子程序的结构与主程序的结构一样,子程序也是在最后一个程序段中用 M02 结束程序运行,子程序结束后返回主程序。

程序结束除了用 M02 指令外,还可以用 RET 指令结束子程序。RET 要求占用一个单独的程序段,不能和其他内容写在同一行。用 RET 指令结束子程序,返回主程序时不会中断 G64 连续路径运行方式,用 M02 指令则会中断 G64 运行方式,并进入停止状态。

图 9—24 所示是两次调用子程序的示意图。

(2)子程序调用。在一个程序中(主程序或子程序)可以直接用程序名调用子程序。子程序调用要求占用一个独立的程序段。例如:

N10 L785;   调用子程序 L785

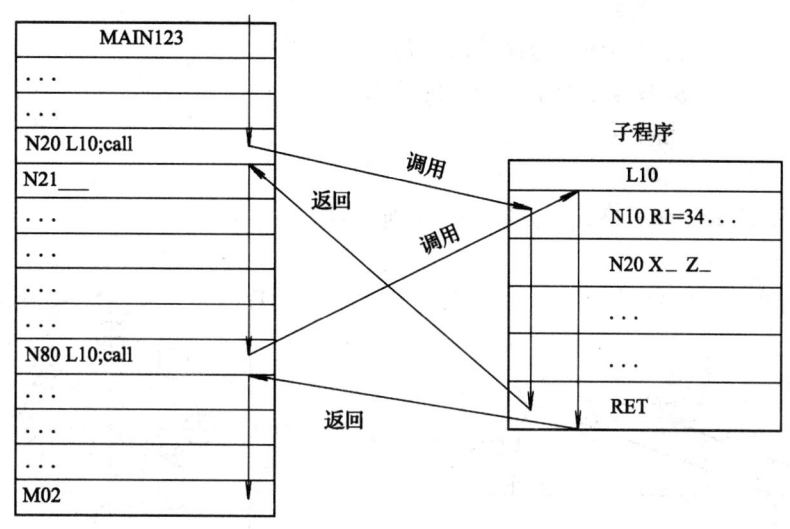

图 9—24 举例：两次调用子程序

N20 LERAME7;　　　　　调用子程序 LERAME7

如果要求多次连续地执行某一子程序，则在编程时必须在所调用子程序的程序名后地址 P 下写入调用次数，最大次数可以为 9999，即 P1～P9999。SIEMENS 802D 系统循环要求最多 4 级程序嵌套。

26. 调用固定循环　循环是指用于特定加工过程的工艺子程序，比如用于钻孔、铣槽切削或螺纹切削等。循环用于各种具体加工过程时，只要改变参数就可以。编辑程序时在面板上调用相应的循环指令，根据图形显示修改参数即可。按确认键，需要的参数即传送进入程序。

模态调用循环：在有 MCALL 指令的程序段中调用子程序，如果其后的程序段含有轨迹运行，则子程序会自动调用。该调用一直有效，直到执行下一个程序段。

MCALL 指令是模态调用子程序的程序段，模态调用结束也用 MCALL 指令。它们均需要一个独立的程序段。用 MCALL 指令可以方便地加工各种形状排列的孔，如多排行孔、圆周孔等。

CYCLE82 编程格式（如图 9—25 所示）：

RTP　　　　　返回平面（绝对值）
RFP　　　　　参考平面（绝对值）
SDIS　　　　　安全距离
DP　　　　　　最终钻深（绝对值）
DPR　　　　　相对参考平面的最终钻深
DTB　　　　　钻深断屑暂停时间

排孔 HOLES1 编程格式（如图 9—26 所示）：

SPCA　　　　参考点横坐标

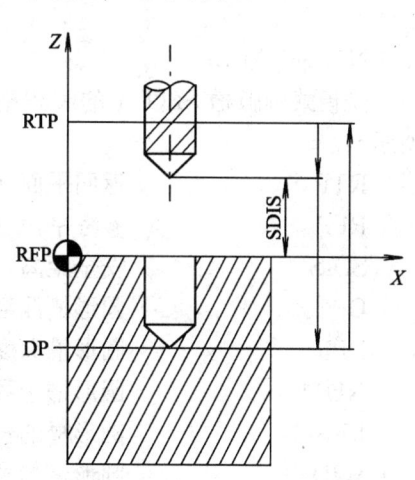

图 9—25　CYCLE82 图

SPCO	参考点纵坐标
STA1	孔中心轴线与横轴的夹角
FDIS	从参考点到第一个孔的距离
DBH	孔间距
NUM	孔数

圆周孔 HOLES2 编程格式（如图 9—27 所示）：

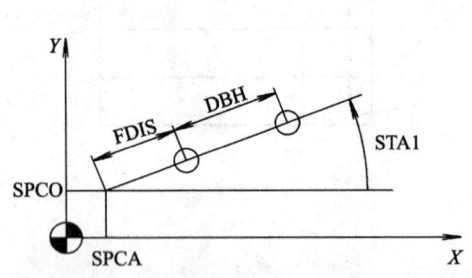

图 9—26 排孔 HOLES1 图　　图 9—27 圆周孔 HOLES2 图

CPA	圆周孔中心的横坐标
CPO	圆周孔中心的纵坐标
RAD	圆周孔的半径
STA1	起始角度
INDA	孔的角度增量
NUM	孔数

例 9—21　行孔钻削编程。

N10 MCALL CYCLE82（…）；钻削循环 82
N20 HOLES1（…）；　　　行孔循环，每次到达孔位置之后，使用传送参数执行
　　　　　　　　　　　　CYCLE82（…）循环
N30 MCALL；　　　　　　结束 CYCLE82（…）的模态调用

铣模式圆弧槽 SLOT1 的编程格式（如图 9—28 所示）：

RTP	返回平面（绝对值）
RFP	参考平面（绝对值）
SDIS	安全距离
DP	圆形槽深度（绝对值）
DPR	圆形槽深度（增量值）
NUM	圆形个数
LENG	圆形槽的长度
WID	圆形槽的宽度
CPA	圆弧槽中心横向坐标
CPO	圆弧槽中心纵向坐标

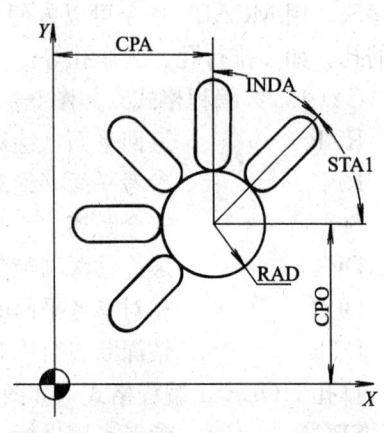

图 9—28 铣模式圆弧槽 SLOT1 图

RAD	圆弧槽中心线的半径
STA1	起始角度
INDA	增量角度
FFD	Z轴方向进给率
FFP1	切削走刀进给率
MID	每次切削进给的最大进给深度
CDIR	沟槽铣削方向（2：G2；3：G3）
FAL	精加工余量
VARI	加工类型：0＝完全，1＝粗加工，2＝精加工
MIDF	精加工深度
FFP2	精加工进给率
SSF	精加工的转速

例 9—22 如图 9—29 所示，有四个圆形槽：长 30 mm，宽 15 mm，深 23 mm。安全距离是 1 mm，精加工余量是 0.5 mm，铣削方向是 G2，最大进给深度是 6 mm。完整加工这些槽并在精加工时进给至槽深，为其编制加工程序。

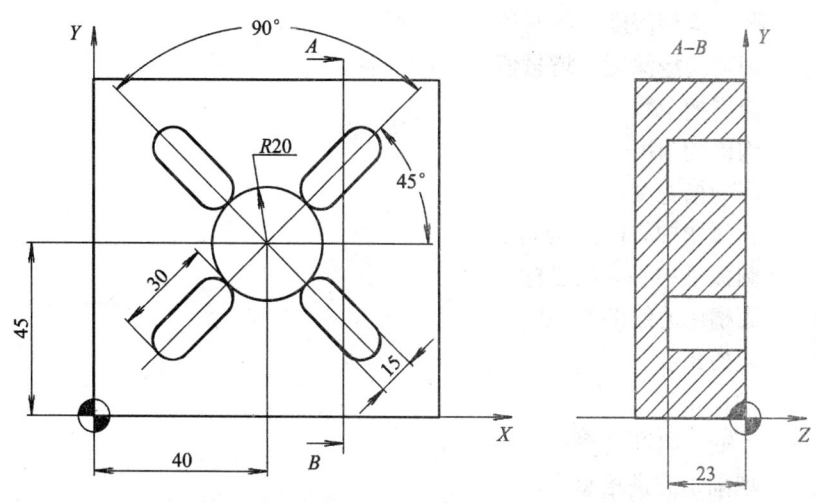

图 9—29　圆形槽图

N10 G17 G90 T1 D1 S600 M3；

N20 G0 X20 Y50 Z5；回到起始位置

N30 SLOT1

(5, 0, 1, －23, , 4, 30, 15, 40, 45, 20, 45, 90, 50, 60, 6, 2, 0.5, 0, , 30,)；

　　　　　　　　循环调用，参数 VARI，MIDF 和 SSF 省略

…；

N60 M30；程序结束

铣模式圆周槽 SLOT2 编程格式（如图 9—30 所示）：

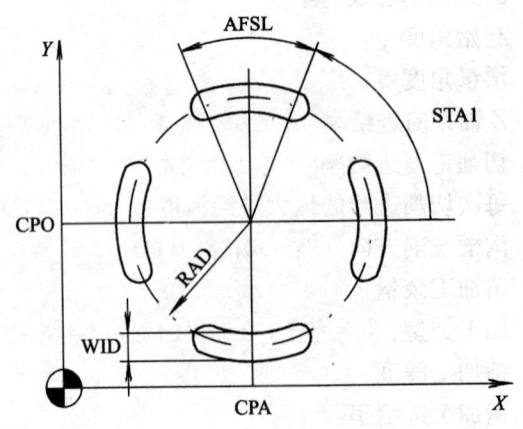

图 9—30 铣模式圆周槽 SLOT2 图

RTP	返回平面（绝对值）
RFP	参考平面（绝对值）
SDIS	安全距离
DP	圆周沟槽深度（绝对值）
DPR	圆周沟槽深度（增量值）
NUM	圆周槽个数
AFSL	沟槽的角度
WID	圆周槽宽度
CPA	圆弧槽中心横向坐标
CPO	圆弧槽中心纵向坐标
RAD	圆槽中心线的半径
STA1	起始角度
INDA	增量角度
FFD	Z轴方向进给率
FFP1	切削走刀进给率
MID	每次切削进给的最大进给深度
CDIR	圆弧槽铣削方向（2：G2；3：G3）
FAL	精加工余量
VARI	加工类型：0=完全，1=粗加工，2=精加工
MIDF	精加工深度
FFP2	精加工进给率
SSF	精加工的转速

例 9—23 如图 9—31 所示，此程序可以用来加工分布在圆周上的 3 个圆周槽，该圆周在 XY 平面中的中心点是（X60，Y60），半径是 42 mm。圆周槽具有以下尺寸：宽 15 mm，槽长角度为 70°，深 23 mm。起始角为 0°，增量角为 120°。精加工余量为 0.5 mm，Z 轴安全高度为 2 mm，最大进给深度为 6 mm。执行精加工时进给至深度，为其编制加工程序。

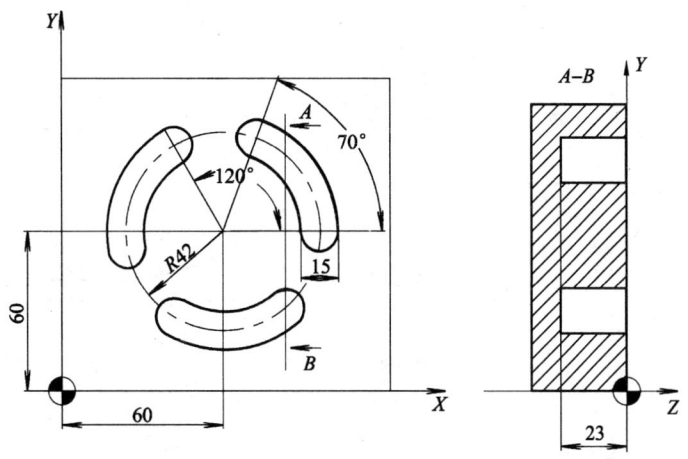

图 9—31 圆周槽图

N10　G17　G90　T1　D1　S600　M3；
N20　G0　X60　Y60　Z5；　　　　　　回到起始点
N30　SLOT2 (2, 0, 2, −23, , 3, 70, 15, 60, 60, 42, , 120, 50, 60, 6, 2,
　　　　0.5, 0, , 30,)；　　　　循环调用：参考平面＋SDIS＝返回平面，
　　　　　　　　　　　　　　　　参数 VARI，MIDF 和 SSF
　　　　　　　　　　　　　　　　省略

…；
…；
N60　M30；　　　　　　　　　　　程序结束

三、编程实例

[实例 9—1]　图 9—32 所示为一个样板零件，此零件已经粗加工，单边余量 2 mm，工件厚度 10 mm，要求：精铣外轮廓、钻 9—φ10 孔、镗 φ100 的孔，工件零点设在左下角。
工艺分析：
(1) 精铣外轮廓，选用 T1 号刀，铣刀直径 φ16 mm，选用刀具补偿号 D1。
(2) 钻孔，先钻排孔，再钻圆周孔，选用 T2 号刀。
(3) 镗 φ100 孔，选用 T3 号刀。
A 点和 B 点的坐标：
　　　　X　　　　Y
A　　153.46　　171.69
B　　275.19　　99.77
程序：
GFY66；
N10　T1；　　　　　　　　　　　φ16 mm 立铣刀
N20　M06；　　　　　　　　　　换刀

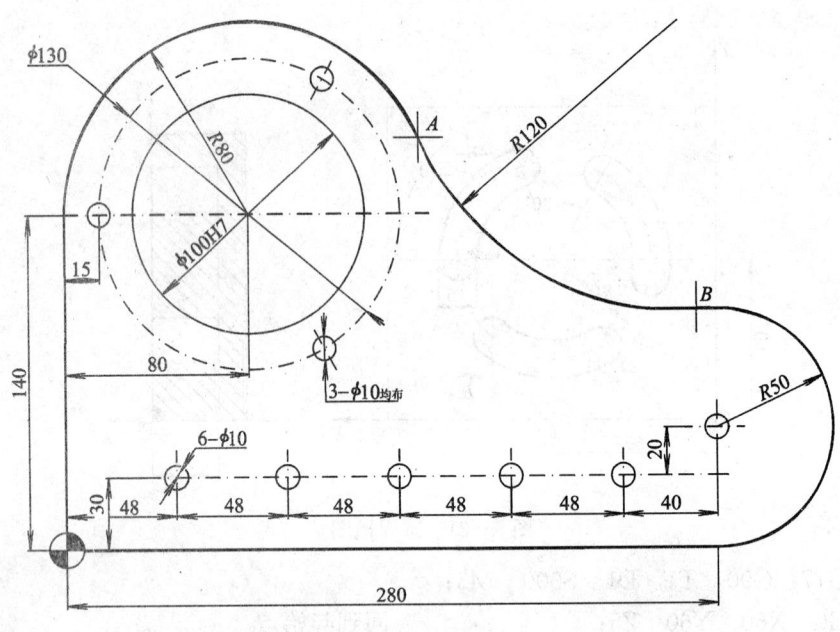

图 9—32 样板零件

N30 M03 S700；
N40 G90 G54 G00 X-20.0 Y-20.0 Z25.0 D1；
N50 G01 Z-12.0 F100 M08；
N60 G01 G41 X0 Y-10.0 F150；
N70 G01 Y140.0；
N80 G02 X153.46 Y171.69 CR=80.0；
N90 G03 X275.19 Y99.77 CR=120.0；
N100 G02 X280.0 Y0 I4.81 J-49.77；
N110 G01 X-10.0 Y0；
N120 G00 G40 X-20.0 Y-20.0；
N130 G00 Z50.0 M09；
N140 M05；
N150 T2；   换 φ10 钻头，钻孔
N160 M06；
N170 M03 S500；
N180 G90 G54 G00 X0 Y0 Z50.0 M08；
N190 MCALL CYCLE82 (20, 0, 5, -12, 0, 0.1)；   钻孔循环
N200 HOLES1 (48, 30, 0, 0, 48, 5)；   钻排孔
N210 X280.0 Y50.0；
N220 HOLES2 (80, 140, 65, 60, 120, 3)；   钻圆周孔
N230 MCALL；
N240 G00 Z50.0 M05 M09；

· 176 ·

N250 T3； 　　　　　　　　　　　换镗孔刀
N260 M06；
N270 M03 S200；
N280 G90 G54 G00 X80.0 Y140.0 Z30.0 M08；
N290 G01 Z-12.0 F120；
N300 M05；
N310 G00 Z50.0 M09；
N320 M30；

[**实例 9—2**]　加工凸台和槽，如图 9—33 所示。

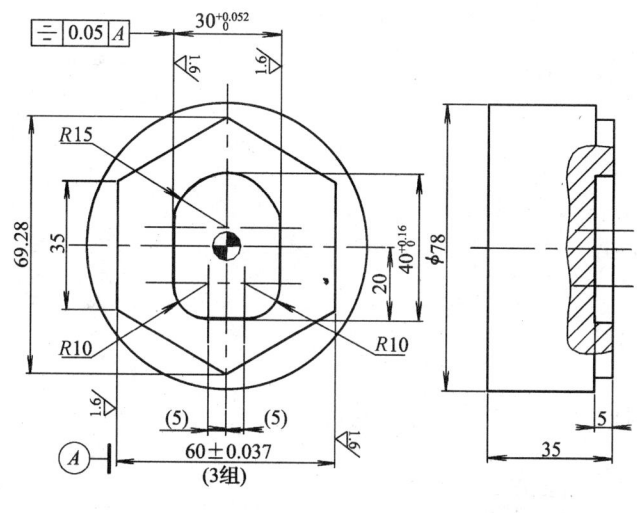

图 9—33

程序：
O10；
T01 M06；　　　　　　　　　　　φ16 平底刀
G90 G54 G00 G40 X50.0 Y0 Z50.0 M03 S700；
　　Z10.0；
G01 Z-5.0 F100；
G41 Y-20.0 D1；　　　　　　　　D1 刀具补偿
G03 X30.0 Y0 CR=20.0；
G01 Y17.5；
　　X0 Y34.64；
　　X30.0 Y17.5；
　　Y-17.5；
　　X0 Y-34.64；
　　X30.0 Y-17.5；
　　Y0；
G03 X50.0 Y20.0 CR=20.0；

G01 G40 Y0;
G00 Z50.0;
　　X0 Y-10.0;
G01 Z-5.0 F100;
　　Y5.0;
G41 X10.0 Y10.0 D2;　　　　　　　　D2 刀具补偿
G03 X0 Y20.0 CR=10.0;
G03 X-15.0 Y5.0 CR=15.0;
G01 Y-10.0;
G03 X-5.0 Y-20.0 CR=10.0;
G01 X5.0;
G03 X15.0 Y-10.0 CR=10.0;
G01 Y5.0;
G03 X0 Y20.0 CR=15.0;
G03 X-10.0 Y10.0 CR=10.0;
G01 G40 X0 Y5.0;
G00 Z50.0;
G00 X50.0 M05;
M30;

[**实例 9—3**]　加工图 9—34 所示的型腔。

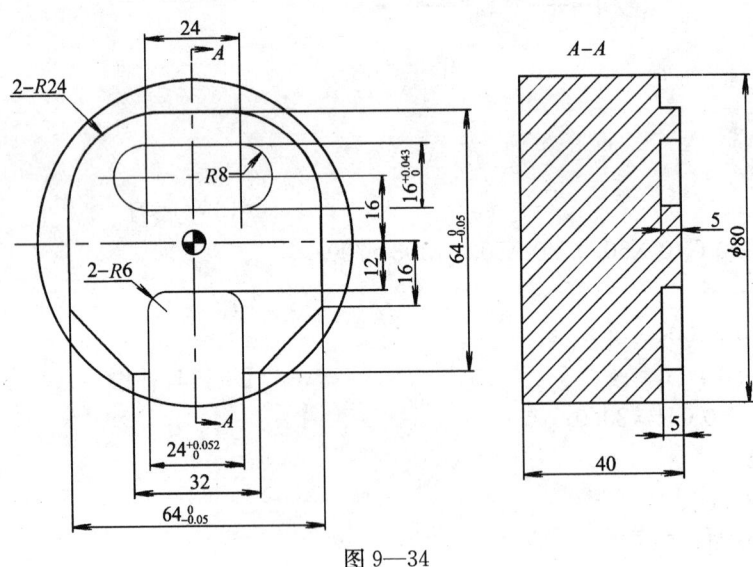

图 9—34

程序：
ZLX1;
T1 D1;
G90 G54 G00 X4.0 Y-47.0 M03;

SIEMENS 编程
φ10 平底刀

```
    Z5.0;
G01 Z-5.0 F150;
    Y-19.0;
    X-4.0;
    Y-41.0;
    X0;
G02 X0 Y-41.0 I0 J41.0;
G01 G41 X12.0 Y-35.0;
    Y-18.0;
G03 X6.0 Y-12.0 CR=6.0;
G01 X-6.0;
G03 X-12.0 Y-18.0 CR=6.0;
G01 Y-32.0;
    X-16.0;
    X-32.0 Y-16.0;
    Y8.0;
G02 X-8.0 Y32.0 CR=24.0;
G01 X8.0;
G02 X32.0 Y8.0 CR=24.0;
G01 Y-16.0;
    X16.0 Y-32.0;
    X10.0;
G40 X0 Y-41.0;
    Z10.0;
G00 X12.0 Y16.0;
G01 Z-5.0;
    X-12.0;
G01 G41 X8.0 Y16.0 D2;
G03 X0 Y24.0 CR=8.0;
G01 X-12.0;
G03 X-12.0 Y8.0 I0 J-8.0;
G01 X12.0;
G03 X12.0 Y24.0 I0 J8.0;
G01 X0;
G03 X-8.0 Y16.0 CR=8.0;
G01 G40 X0;
G00 Z50.0;
G00 X0 Y0 M05;
M30;
```

[**实例 9—4**] 利用子程序加工图 9—35 所示的 8 个封闭槽，槽深为 5 mm。零点在工件左下角处。

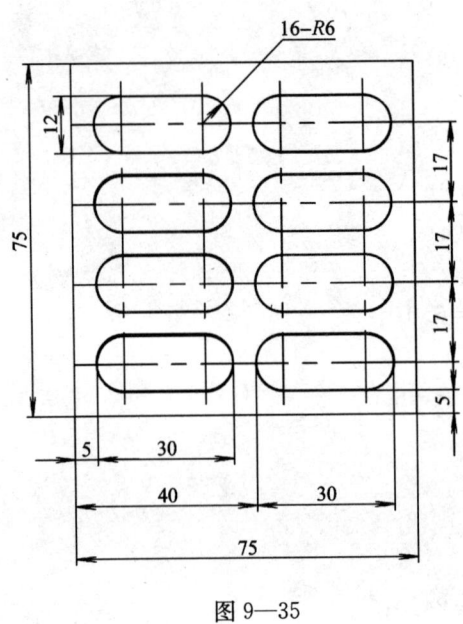

图 9—35

程序：
方法一：LX1；
T01 M06； ϕ10 平底刀
G90 G54 G00 X29.0 Y11.0 M03；
G01 Z10.0 F80；
LALAN P4；   调用 LALAN 子程序 4 次
G90 X64.0 Y11.0；
LALAN P4；   调用 LALAN 子程序 4 次
G90 X0 Y0 M05；
M30；
LALAN；   子程序
G91 G01 Z−15.0；
G01 X−18.0；
G01 G41 X15.0；
G03 X−6.0 Y6.0 CR=6.0；
G01 X−9.0；
G03 X0 Y−12.0 I0 J−6.0；
G01 X18.0；
G03 X0 Y12.0 I0 J6.0；
G01 X−9.0；
G03 X−6.0 Y−6.0 CR=6.0；
G01 G40 X15.0；

G00 Z15.0；
　　Y17.0；
M17；
方法二：LX2；   子程序嵌套
G90 G54 G00 X29.0 Y11.0 M03 M08 F200；
　　Z10.0；
LALAN2 P2；
G90 G00 X0 Y0 M05；
M30；
LALAN2；   子程序 LALAN2
LWYL1 P4；
G91 X35.0 Y−68.0；
M17；
LWYL1；   子程序 LWYL1
G91 G01 Z−15.0；
G01 X−18.0；
G01 G41 X15.0；
G03 X−6.0 Y6.0 CR=6.0；
G01 X−9.0；
G03 X0 Y−12.0 I0 J−6.0；
G01 X18.0；
G03 X0 Y12.0 I0 J6.0；
G01 X−9.0；
G03 X−6.0 Y−6.0 CR=6.0；
G01 G40 X15.0；
G00 Z15.0；
Y17.0；
M17；

§9—2　SIEMENS 802D 系统操作

一、系统操作

1. 机床操作面板（如图 9—36 所示）
2. 系统控制面板（如图 9—37 所示）
键符定义：
ALARM　报警应答键   CHANNEL　通道转换键
HELP　信息键   SHIFT　上下换档键
CTRL　控制键   ALT　改变键
␣　空格键   BACKSPACE　删除键

DEL　删除键　　　　　　　　　　　　INSERT　插入键
END　结束键　　　　　　　　　　　　INPUT　回车/输入键
POSITION　加工操作区域键　　　　　PROGRAM　程序操作区域键
OFFSET　参数操作区域键　　　　　　PROGRAM MANAGER　程序管理
SYSTEM ALARM　报警/系统操作区域键　CUSTOM　未使用
NEXT WINDOW　未使用　　　　　　　PAGE UP（DOWN）　翻页键
SELECT　选择/转换键

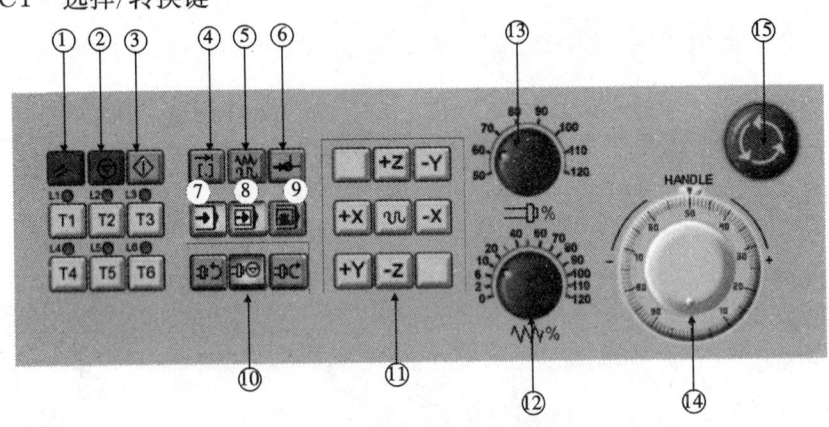

图9—36　SIEMENS 802D操作面板

1—复位　2—暂停　3—执行　4—单步点动距离（0.001 mm，0.01 mm，0.1 mm，1 mm，10 mm）
5—手动　6—回零　7—自动　8—执行单行指令　9—MDA　10—主轴反转、停止、转动（手动时）
11—手动移动，加速配合　12—进给倍率　13—转速倍率　14—手轮　15—紧急停止

图9—37　系统控制面板

3. 机床回零操作方式

（1）按下手动按钮 和回零按钮 。

（2）对 X 回零，按住 +X 键，直到 X 坐标为零，界面上 X 位置出现回零灯 ，若中途松开按钮，会出现警告框 020005 ，此时按复位键 取消警告，可继续进行操作。用同样方法可对 Y、Z 回零。

机床回零界面状态如图 9—38 所示。

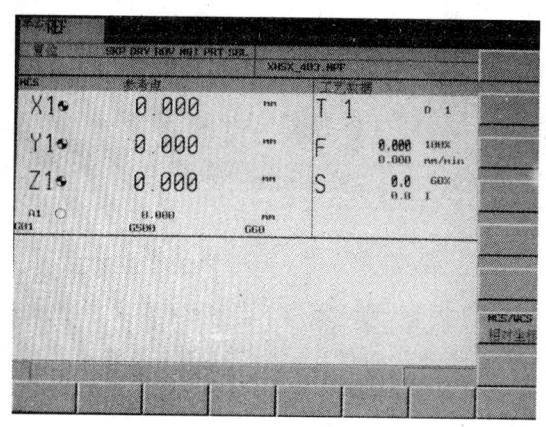

图 9—38　机床回零界面

4. 自动加工操作方式

（1）先将机床回零。

（2）选择一数控程序。

（3）设置参数。

（4）在控制面板上点击自动按钮 ，进入自动加工模式。

（5）通过执行按钮 、暂停按钮 命令来控制程序的运行、停止，同时状态栏也随之变化。

（6）在自动加工时，如果点击手动按钮 切换机床进入手动模式，将出现警告框 016913 ，此时按报警应答键 可取消警告，继续操作。

（7）也可以按自动按钮 进入单行执行状态，每按执行键 一次，执行一行程序。

（8）按复位键 可使程序重置。

自动加工模式界面如图 9—39 所示。

5. 手动/连续加工操作方式

（1）点击手动按钮 切换机床进入手动模式。

（2）点击按钮"X""Y""Z"可向相应方向调节机床位置。

（3）点击机床主轴手工控制按钮 ，来控制主轴的转动、反转、停止。

6. 手动/单步加工操作方式

（1）在手动/连续加工时或在对基准时，需精确调节机床，可采用单步方式。

· 183 ·

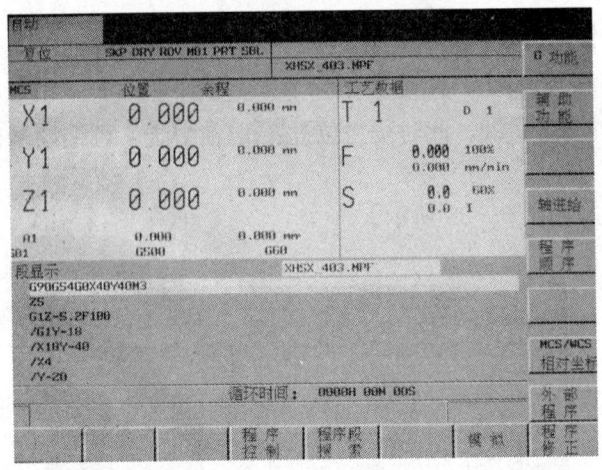

图9—39 自动加工模式界面

(2) 连续点击单步点动按钮 ▣，可在点动距离0.001 mm、0.01 mm、0.1 mm、1 mm间切换，同样也是配合移动按钮"X""Y""Z"来移动机床进行微调，使其到达要求的位置。

(3) 用软键"手轮方式"改变手轮移动的轴，摇动手轮使机床移动。

(4) 点击机床主轴手动控制按钮 ▣▣▣，来控制主轴的转动、反转、停止。

(5) 再次点击手动按钮 ▣，可重新回到连续加工。手轮方式窗口如图9—40所示。

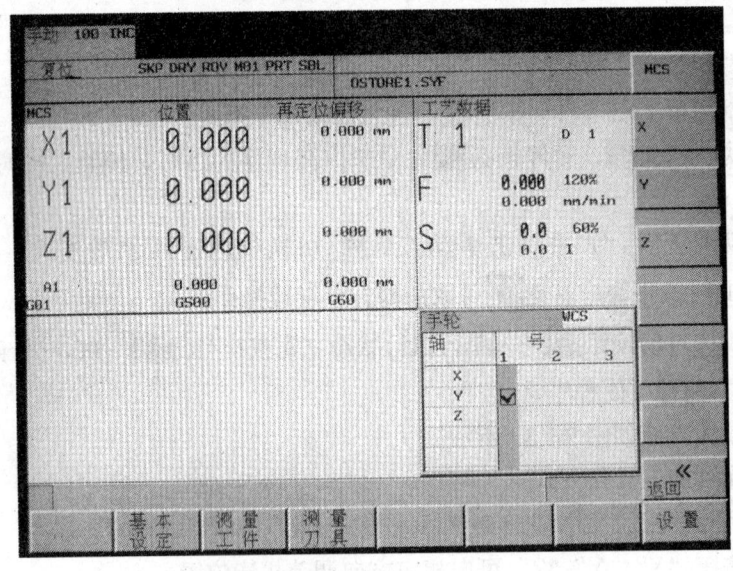

图9—40 手轮方式窗口

7. MDA（手动数据输入）操作方式

(1) 切换操作面板，点击MDA键 ▣ 进入MDA模式，进行程序编辑操作。

(2) 输入数控程序,按执行键 执行程序。

(3) 按软键"语句区放大",显示已运行、正在运行和将要运行的程序。

(4) 按复位键 可清除数据。MDA 模式界面如图 9—41 所示。

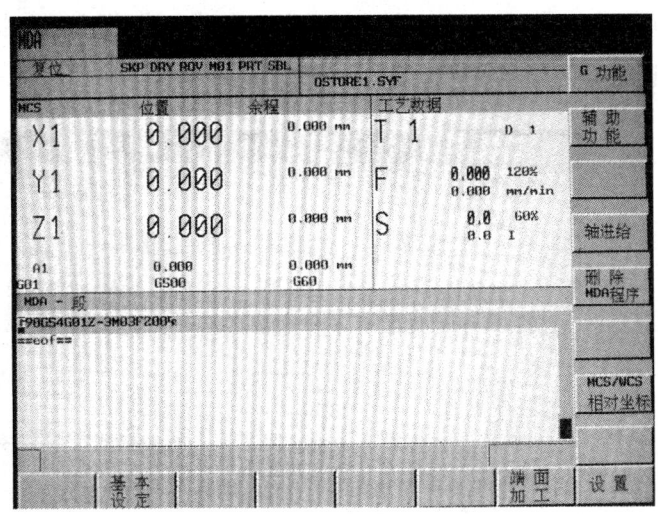

图 9—41　MDA 模式界面

二、数控程序处理

1. 程序管理

(1) 点击 键,进入程序管理界面,如图 9—42 所示。

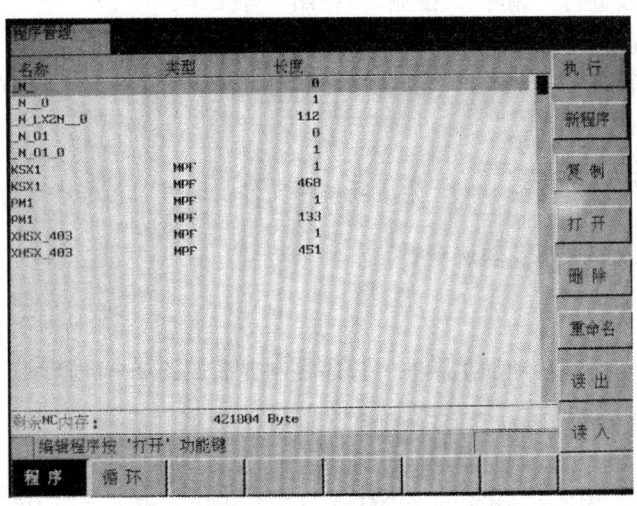

图 9—42　程序管理界面

(2) 点击软键"程序",用 键以及光标移动键找到需要的程序。

(3) 可以对所选程序进行"执行""打开""复制""删除""重命名"的操作,或者新建一程序。

2. 编辑程序

(1) 在程序管理界面中，用 ⬛ ⬛ 键找到要修改的程序，点击"打开"软键进入程序编辑界面，对程序进行编辑和修改；在"手动""自动"或"MDA"状态下，点击 ⬛ 键，也可进入当前已打开的程序，进行编辑和修改。程序编辑界面如图9—43所示。

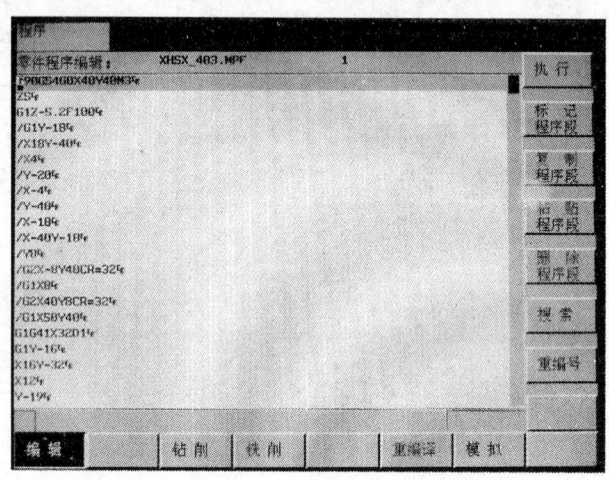

图9—43 程序编辑界面

(2) 按方向键移动光标；按数字/字母键将数据输入；按 ⬛ 键用于删除字符。

(3) 在编辑菜单中，按下"标记"软键，用方向键移动光标，可选择一个文本程序段，此时可对所选程序段进行"删除""复制""粘贴"等操作。

3. 新建一个程序

(1) 在"程序管理"中，点击"新程序"软键，弹出对话框，填入程序名（以两个英文字母开头），按 ⬛ 键确定。

(2) 按"确认"软键接受输入，生成新程序文件，即可对新程序进行编辑。

三、程序的输入和输出及轨迹查看

1. 查看轨迹

(1) 用 ⬛ 键切换到自动加工状态。程序控制界面如图9—44所示。

(2) 点击CRT面板上的"程序控制"软键，按下"程序测试"和"空运行进给"选项。

(3) 选择一数控程序自动运行或在MDA下运行程序，点击"模拟"软键即可观察运行轨迹，程序模拟界面如图9—45所示。

(4) 通过暂停键 ⬛、执行键 ⬛ 来控制程序的运行和停止。

(5) 按复位键 ⬛，可使程序重置。

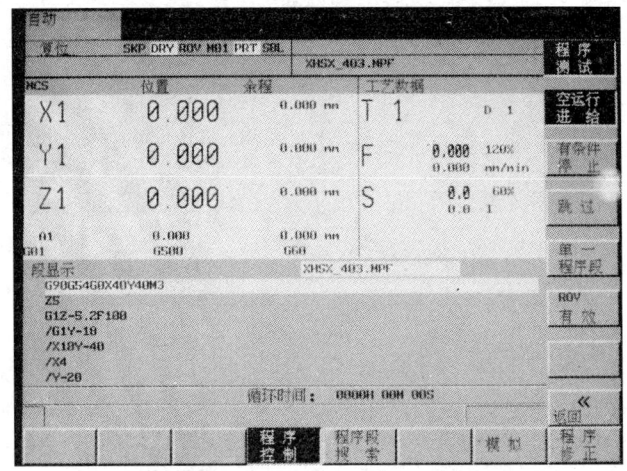

图9—44 程序控制界面

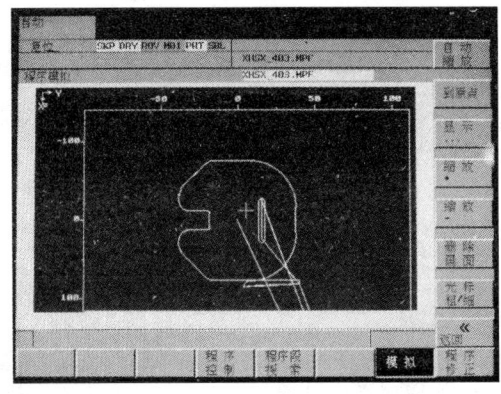

图9—45 程序模拟界面

2. 程序导入、导出　程序导入、导出是通过控制系统的 RS232 接口把机床数据（比如零件程序、系统参数等）读出并保存到外部设备中，同样也可以从外部设备把数据读入系统中。当然 RS232 接口必须与外部设备相匹配。

其操作是按下"PROGRAM MANAGER"软键打开"程序管理器"，进入 NC 程序主目录。按"读出"软键可读出存储零件程序。按"读入"软键可装载零件程序。按"启动"软键可启动输入、输出过程。按"全部文件"软键可选择所有的文件。按"停止"软键可终止操作。程序导入、导出界面如图 9—46 所示。

四、参数设置

1. G54~G59 参数设置　点击"OFFSET"按钮，CRT 上显示如图 9—47 所示的画面，点击零点偏移相对应软键，用键盘的上、下、左、右键可以在不同位置间切换，每输入一个零点偏移值后按回车键 确认。这样可输入 G54~G59 中相应的 X、Y、Z 坐标值，从而建立工作坐标系。零点偏置窗口如图 9—47 所示。

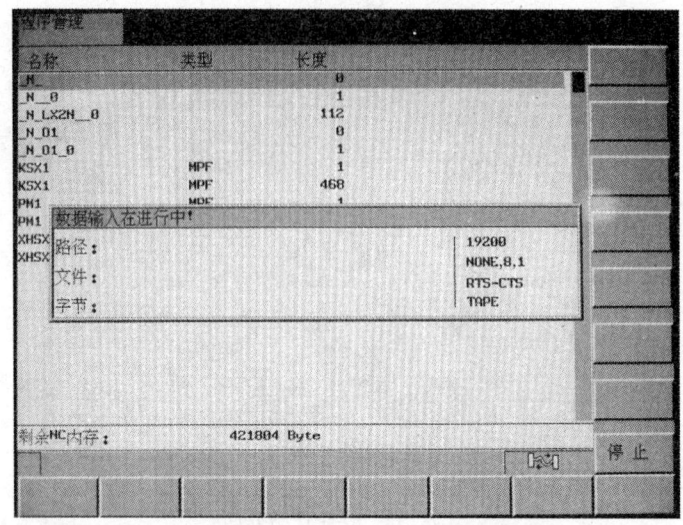

图 9—46 程序导入、导出界面

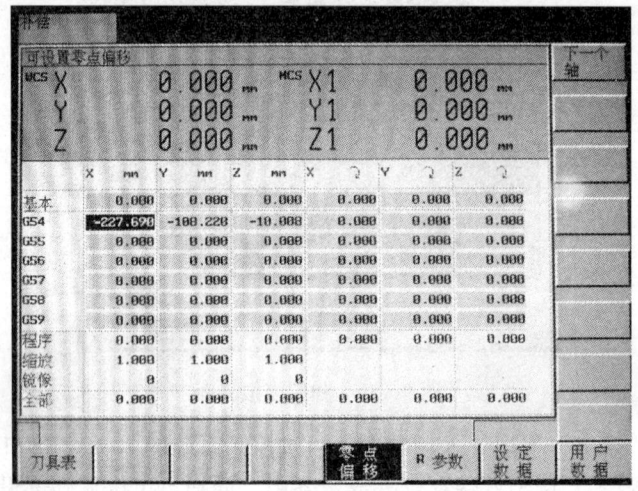

图 9—47 零点偏置窗口

2. 刀具参数设置

(1) 新建刀具。

1) 按软键"OFFSET"进入参数设置。

2) 按软键"刀具表"进入刀具补偿界面。刀具补偿参数设置如图 9—48 所示。

3) 点击软键"新刀具",弹出如图 9—49 所示的新刀具对话框。

4) 输入刀具号,按"确认"软键,进入刀具补偿设置,默认 D 补偿号为 1。

5) 设置刀沿数据,按"上、下"键将光标移动到"几何尺寸"项上,输入刀具的长度、半径补偿参数,按回车键 确认,或通过对刀功能得出。刀具补偿数据输入如图 9—50 所示。

(2) 新建刀沿。

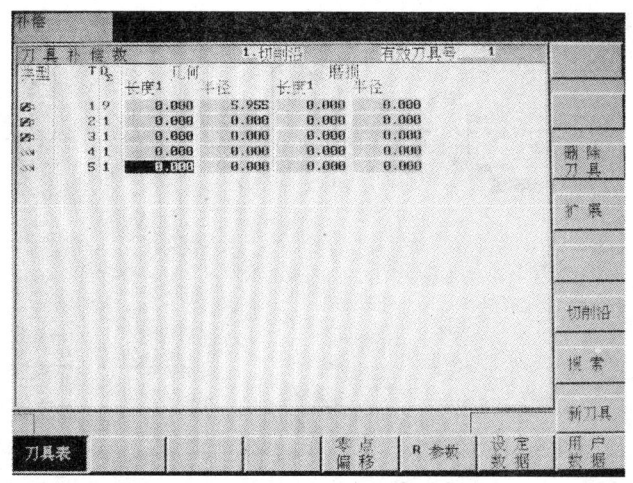

图 9—48 刀具补偿参数设置

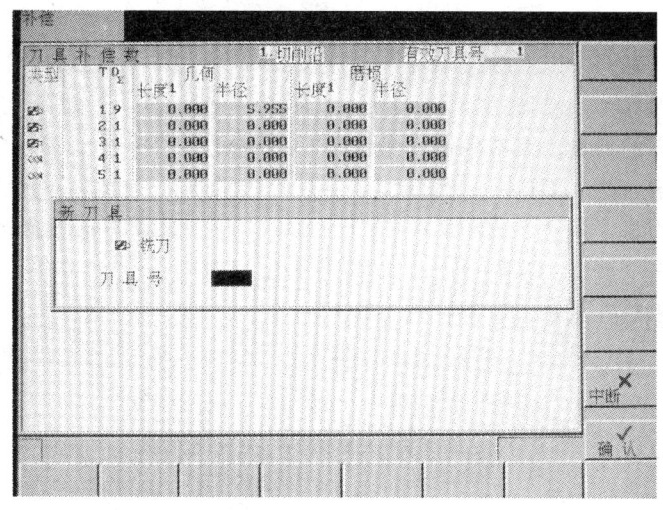

图 9—49 新刀具对话框

1) 按软键 "OFFSET" 进入参数设置。
2) 按软键 "刀具补偿" 进入刀具补偿。
3) 按软键 "新刀沿"，弹出新刀沿对话框，显示当前刀号和刀型，不可输入。
4) 按软键 "确认"，进入刀具补偿设置，默认 D 补偿号递增 1。
5) 设置刀沿数据，按 "上、下" 键将光标移动到 "几何尺寸" 项上，输入刀具的长度、半径补偿参数，按回车键 ⮕ 确认，或通过对刀功能得出；按 "复位刀沿"，可将当前刀沿数据归零。

(3) 移到相邻刀具/刀沿。进入 "参数" "刀具补偿"。当新建了一个以上的刀具时，按软键 "T≫" 命令，即可进入当前刀具的下一个；按软键 "≪T" 命令，可进入当前刀具的上一个。

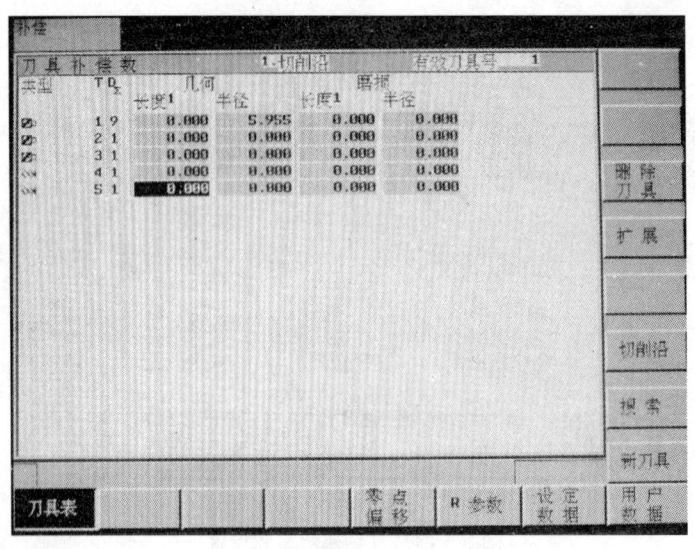

图9—50 刀具补偿数据输入界面

当一个刀具有两个以上的刀沿时,同样按"≪D""D≫"也可以在不同刀沿间切换。

(4) 搜索刀具。如果刀具号太多,选用"≪T"或"T≫"命令太慢,则用"搜索"命令直接选择所需的刀具。点击软键"参数""刀具补偿""搜索",弹出对话框,填好刀号后按"确认"软键,则界面进入刀具补偿对话框,显示此刀具的各个参数值,可作修改。

(5) 删除刀具。用"T≫"或"≪T""搜索"命令选择需要删除的刀具号,则此刀具为当前刀具。执行"删除刀具"命令,当前刀具即被删除。其下一个刀具则自动变为当前刀具。继续按"删除"软键,可以连续删除。

复 习 题

1. SIEMENS 系统与 FANUC 系统的程序名称有何不同?
2. SIEMENS 系统与 FANUC 系统刀具补偿数据的调用是否相同?
3. SIEMENS 系统与 FANUC 系统圆弧插补指令的输入有何不同?
4. 可编程的零点偏置、可编程旋转、可编程的比例缩放、可编程的镜像如何使用?
5. SIEMENS 系统固定循环有何作用?
6. 比较 SIEMENS 系统与 FANUC 系统操作面板、操作方式的异同点。
7. 使用 SIEMENS 系统指令完成第七章复习题中零件的程序编制。

参考文献

1. 劳动和社会保障部教材办公室组织制定. 数控机床加工专业教学计划与教学大纲. 北京：中国劳动社会保障出版社
2. FANUC 操作编程说明书. 北京数控——法那科服务中心. 2000 年
3. SINUMERIK 操作编程说明书. 西门子数控（南京）有限公司. 2000 年
4. 刘雄伟主编. 数控机床操作与编程培训教程. 北京：机械工业出版社，2002 年
5. 孙竹编著. 数控机床编程与操作. 北京：机械工业出版社，1996 年
6. 方沂主编. 数控机床编程与操作. 北京：国防工业出版社，1999 年
7. 王爱玲主编. 现代数控编程技术及应用. 北京：国防工业出版社，2002 年
8. 高凤英主编. 数控机床编程与操作. 南京：东南大学出版社，2002 年
9. 劳动和社会保障部教材办公室组织编写. 数控编程与操作. 北京：中国劳动社会保障出版社，2000 年
10. 劳动部教材办公室组织编写. 机械加工工艺学（车工、铣工）. 北京：中国劳动出版社，1996 年
11. 数控加工仿真系统　上海宇龙软件工程有限公司